21世纪高等教育计算机规划教材

网页设计
——入门与提高

Webpage Design and
Improve Entry

■ 王维 吴菲 王丽娜 编著

人民邮电出版社
北京

图书在版编目（C I P）数据

网页设计：入门与提高 / 王维，吴菲，王丽娜编著
. -- 北京：人民邮电出版社，2012.9（2022.1重印）
21世纪高等教育计算机规划教材
ISBN 978-7-115-29081-6

Ⅰ. ①网… Ⅱ. ①王… ②吴… ③王… Ⅲ. ①网页—
设计—高等学校—教材 Ⅳ. ①TP393.092

中国版本图书馆CIP数据核字（2012）第184297号

内 容 提 要

本书从实际应用的角度出发，循序渐进地讲解了网页设计的规则、需要掌握的技术，以及设计网页时需要注意的一些事项。全书共有17章，在每章的最后都有习题和实验，使得学生可以最快地将所学内容融入应用，缩短了理论学习到实际应用的时间。

本书最后安排了两个具有实际应用意义的案例，结合案例，可以进一步做到知识内容的整合，真正做到学以致用，检验学生的学习效果。

本书既可以作为高职高专相关专业的教学用书，也可以作为广大网页设计爱好者学习网页设计的参考书。

21 世纪高等教育计算机规划教材

网页设计——入门与提高

◆ 编　著　王　维　吴　菲　王丽娜
　　责任编辑　武恩玉

◆ 人民邮电出版社出版发行　　北京市丰台区成寿寺路 11 号
　　邮编　100164　电子邮件　315@ptpress.com.cn
　　网址　http://www.ptpress.com.cn
　　北京天宇星印刷厂印刷

◆ 开本：787×1092　1/16
　　印张：19.5　　　　　　　　2012 年 9 月第 1 版
　　字数：512 千字　　　　　　2022 年 1 月北京第 12 次印刷

ISBN 978-7-115-29081-6

定价：39.00 元

读者服务热线：(010)81055256　印装质量热线：(010)81055316
反盗版热线：(010)81055315
广告经营许可证：京东市监广登字 20170147 号

前　言

在现今社会中，网页艺术已经成为了具有广泛性和前沿性的新媒体艺术形式。它伴随着媒体技术与媒体艺术的发展而发展，是媒体艺术中具有广泛受众的艺术形式。本教材按照网页设计的流程，详细讲解了在网页设计的各个阶段中设计人员以及网站管理人员所需要进行的工作，以及如何规范化地、高效率地完成相关设计工作。

本教材以网页的美工设计与网页制作方法为前提，注重知识性与逻辑性、理论性与实践性，全面介绍网页设计的基础知识与基本实践技能，使学生在有效的课时内学习和掌握网页设计的理论与技能。在讲解过程中，使用大量的范例说明各种元素和属性的使用方法和技巧，通过实例加深理解，内容力求准确、细致，深入浅出，易于理解，让学生能够熟练掌握操作技能，加深对知识点的理解。

本教材的第1章～第4章为美工篇，主要介绍网页设计的美工部分，其中包括：网页和网站的制作流程、网页版式设计原则、网页色彩设计和各类别网页赏析，这些是网页艺术设计的重要环节。色彩应用主要涉及形式风格、色彩情感等，要求学生更加关注网页设计中色彩的整体、协调、高雅和亲和性。各类别网页赏析通过对一些具有不同风格的网页艺术设计作品的分析与欣赏，提高学生对网页艺术设计的审美水平和鉴赏能力，有利于学生在学习中的借鉴。

本教材的第5章～第15章为技术篇，主要介绍网页制作的技术方法，其中包括：HTML、Dreamweaver CS5和CSS三部分内容。HTML是网页设计的基础语言，由文本、图像、超链接、表格、表单、框架、多媒体等多个方面组成；Dreamweaver CS5是目前应用最为广泛的网页制作工具，可以通过它的图形化工具快速地完成网页制作；CSS是网页制作的主流技术，可以完成网页外观与样式的分化，便于网页的设计与内容管理。

本教材的第16章～第17章为实践篇，主要通过一些网页设计案例来进行实践教学。如"小型企业网站"、"电子商务网站"，这些实践性的教学内容可以使学生在实践过程中较快地理解前述知识与设计技能。

本教材还附有与课程内容密切相关的思考题与练习题、学习方法提示等辅助项目，供学生在课外进行学习和拓展。同时，教材还以大量的图例进行直观性的教学，使教材具有更为丰富的展示内容。

本书由王维进行统编、定稿，并编写了第5章至第9章以及第14章至第17章的主要内容；吴菲编写了第1章至第4章的主要内容；王丽娜编写了第10章至第13章的主要内容。同时，特别感谢长春工业大学李万龙教授，他对本书的编写提出了许多宝贵意见。长春工业大学赵银花、刘林、胡静同志对本书的编写提供了许多帮助，在此一并表示感谢！

由于时间仓促，加之作者水平有限，错误与疏漏之处在所难免，恳请广大专家和读者批评指正。

编　者

2012年6月

目　录

第一篇　美　工　篇

第二篇　技　术　篇

第 15 章 CSS 属性 204

第三篇 实 践 篇

第 16 章 小型企业网站制作 219

第 17 章 电子商务网站制作 261

第一篇

美工篇

第1章
网页和网站的制作流程

1.1　网页与网站

在互联网迅速发展的今天，网络已经成为了必不可少的信息传播媒介，而形态各异、内容繁杂的网页就是这些信息传播的载体。那么网页究竟是什么？而网站又是什么？它们之间有什么区别与联系呢？

当浏览者输入一个网站的网址或者单击某个链接，在浏览器里就能看到若干文字、图片，可能还有动画、音频、视频等内容，而承载这些内容的就是网页，如图 1-1 所示就是一个网页。网页（webpage），是网站中的一"页"，通常是 HTML 格式（文件扩展名为.html 或.htm 或.asp 或.aspx 或.php 或.jsp 等），网页要使用网页浏览器来阅读。网页浏览是互联网应用最广的功能，网页是网络的基本组成部分。

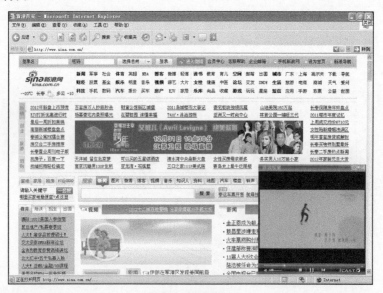

图 1-1　新浪首页

网站就是各种各样内容网页的集合，有的网站内容庞杂，如新浪、网易这样的门户网站；有的网站可能只有几个页面，如小型的公司网站、个人网站，但是它们都是由最基本的网页组合起来的。

在这些网页中，有一个特殊的页面，它是浏览者输入某网站的域名后看到的第一个页面，因此这个页面有了一个专用的名称——主页（Homepage），也叫"首页"。图 1-1 就是新浪网的首页。网页虽然看上去千姿百态，但其本质都是由称为 HTML 的语言组成的，HTML 的意思是"Hypertext Markup Language"，翻译过来为"超文本标记语言"。我们浏览一个页面，要先把页面所对应的文件从提供这个文件的计算机里通过 Internet 传送到浏览者的计算机中，再由 WWW 浏览器翻译成为我们见到的有文字、图像、声音等的页面。这些页面对应的文件不再是普通的"文本文件"，文件中除包含文字信息外，还包括了一些具体的链接（如图像、音频、视频、动画等），这些包含链接的文件被称为"超文本文件"。

关于 HTML 将在第 5 章至第 9 章中进行更详细的介绍。

1.2　网站制作流程

随着互联网同人们日常生活结合得越来越紧密，网站的数量也在迅速增加着，而建立并维护一个良好的网站制作流程可以使网站制作者的工作效率大大提高。

1.2.1　前期策划

无论是大的门户网站还是只有几个页面的个人主页，都需要做好前期的策划工作，特别是当客户本身对于网站的需求不明确的时候，承接网站制作的一方更要做好充分的前期策划工作。

网站虽然看起来只是一些电子版的文件，但这些文件同网站的功能以至于服务器的操作系统都有着密切的关系。制作方应与客户共同讨论来明确网站主题、栏目设置、整体风格、所需要的功能及实现的方法，甚至域名的申请、虚拟主机或服务器的购买、开发制作的周期以及后期的维护等细节及报价，这是制作一个网站的良好开端。

1.2.2　页面细化及实施

在前期策划案得到认可后，就需要将项目细化为两个部分进行：一个是前台页面设计制作；另一个是后台程序及功能实现。

客户最先看到的往往是制作方提供的设计图，因为设计图能够更直观地体现网站的风格和要素。所以最早进入到实际制作流程的往往是美工设计。

如果有一个好的网站策划与科学分工，后台程序可以和美工设计同时开始，甚至先于美工开始设计。

1. 页面美工设计

美工设计人员应该在网站策划阶段就同客户充分接触，以了解客户对网站设计的需求及其个人品味，以便在设计过程中有一个基调，从而提高设计稿的被认同率。

页面设计者要勇于面对一个现实，即无论多么有创意和想法的设计稿，如果得不到客户的认可，都将是废纸一张。

美工首先要对网站风格有一个整体定位，包括标准字、Logo、标准色彩、广告语等；然后再根据此定位分别做出首页、二级栏目页及内容页的设计稿。首页设计包括版面、色彩、图像、文字、动态效果、图标等风格设计，也包括 Banner、菜单、标题、版权等模块设计。一般会设计 1～3 套不同风格的设计稿交由客户讨论及提出修改意见，直到确定了最终方案，则按需求说明设计出所有需要的页面设计图。

2. 静态页面制作

美工在设计好各个页面的效果图后，就需要制作成 HTML 页面，以供后台程序人员将程序整合。制作页面的方法将在"1.3 静态页面制作流程"中详细介绍。

3. 程序开发

程序开发人员可以先行开发功能模块，然后再整合到 HTML 页面内，也可以用制作好的页面进行程序开发，但是为了程序能有很好的亲和力和移植性，还是推荐先开发功能模块，再整合到页面中的方法。

1.2.3 后期维护

网站制作完成交付用户使用后，可能还会出现一些问题，或者客户要求修改某些内容，提供这些修改服务及维护服务的条款及费用应该在前期策划的时候就商定清楚。其他的服务，可能还会包括网站推广、版本功能升级等内容。

1.3 静态页面制作流程

在大部分情况下，网页设计与制作人员需要实现的是静态页面。静态页面的制作看似简单，似乎只是把设计图纸转变成可在浏览器里浏览的页面。但是如何让页面和设计图保持一致而又符合网络浏览的习惯，如何让页面既像图纸中那样美观又有较快的速度和用户友好性，对于网站能留住更能多的浏览者是个很关键的问题。

1.3.1 观察图纸

拿到一张设计图，不要立刻就用软件来划分切片和输出图片，应先观察图纸，并对页面的布局、配色有一个整体的认识，而在对设计图达成一个初步的了解后，就会对如何在 HTML 页面里布局有了规划，而根据这个规划再来对设计图进行分割输出，以免匆匆切分之后又发现在 HTML 里面无法实现设计或者设计效果不好，从而导致返工。

1.3.2 拆分图纸

当对于如何拆分图纸和组成 HTML 页面有了规划后，就可以将图纸拆分成需要的"原料"，以便在组装页面时使用，一般需要从图纸中拆分提取的有以下内容。

（1）分离颜色。其中一般包括 3 部分配色：页面主辅颜色搭配的基本配色、普通超链接的配色和导航栏超链接的配色。

（2）提取尺寸。按照设计图的尺寸来搭建网页才会符合图纸上的设计，不过也不是说必须严格按照设计图来做，而是可以灵活掌握的。

（3）分离背景图。背景图可能是大面积重复的图案，也可能是一整张图片。一般和内容没有关系的装饰性图片都可以考虑制作成背景图。

（4）分离图标及特殊边框。小图标及花边可以给网页增添细节和亮点，根据情况往往需要单独输出存储。

（5）分离图片。即内容相关的图片，比如新闻报道的图片、讲解操作步骤的图片等。

1.3.3　组装

组装就是把已分离出来的元素按照一定的方法组合成与设计图效果类似的页面。HTML 页面的布局方法现在通常都采用"层布局"的方法。

关于布局方法将在后面进行更详细的介绍。

习　　题

思考题

1. 简述网站的制作流程。

2. 简述静态网页的制作流程。

第2章
网页版式设计原则

版式设计是在页面中对视觉元素进行有机的排列组合，将理性思维个性化地表现出来，因此它是一种具有个人风格和艺术特点的视觉传达方式，在传达信息的同时，也产生感官上的美感。版式设计的原则是：让用户在获得美感的同时，接受作者想要传达的信息。首先，要使主题鲜明突出。版式设计的最终目的是使版面条理清晰，用赏心悦目的组织来更好地突出主题。其次，要使形式与内容统一。通过完美、新颖的形式，来表达主题。最后，要强化整体布局。将版面的各种编排要素在编排结构及色彩上作整体设计。

组成网页的基本元素大体相同，如图 2-1 所示，一般包括以下几点。

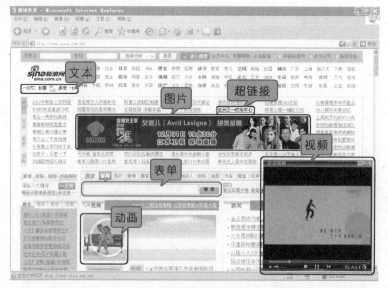

图 2-1　网页的基本构成元素

（1）文本和图片：是网页的基本元素，最简单的页面也需要文字或图片来表达它的内容。

（2）超链接：有文字链接和图片链接两种，只要浏览者用鼠标单击带有链接的文本或图片，就可以自动链接对应的其他文件，这样才会让浩如烟海的网页连接成一个整体，这也正是网络的魅力所在。

（3）动画：有两种格式，一种是 GIF 格式，一种是 Flash 格式。活动的内容总比静止的要吸引人的注意力，所以精彩的动画让页面变得更加魅力四射。

（4）表单：是一种可以在浏览者与服务器之间进行信息交流的网页元素，使用表单可以完成搜索、论坛、发送电子邮件等交互动能。

（5）音频和视频：随着网络技术的发展，网站上已经不再是单调的 MIDI 背景音乐，丰富多彩的网络电视等已经开始成为网络新潮流。

2.1　文本和图片设计

文本和图片是互联网上最主要的两种信息形式。它们既是网站构成的基础信息，也是使网页看起来多姿多彩的主要条件。对建造如"房屋大厦"般的网站来说，图片和文字就是砖头和水泥，设计师无法离开它们，浏览者更需要它们。

2.1.1　文本设计

文本是信息的主要载体方式，也是网页版面构成的基础。因为占用页面面积最多的往往就是文字信息，所以页面中文字的排版是非常重要的。文字信息阅读的舒适程度直接关系到浏览者的心理感受，字体的选择、字号的大小、行与行的距离、段落与段落的安排都需要谨慎考虑，如图 2-2 所示。

进行字体设计时，尽量不要使字体变形，被变形的字体通常是不美观的。排版时要注意大标题，小内文；粗标题，细内文的原则。色彩与背景有一定的差异，保持文字的可见性和易读性。字体大小要适中，保持页面整洁，阅读舒适。全文排版最忌讳不分段，应该有层次，如图 2-3 所示为 TJ 个人网站的文本设计效果。

图 2-2　页面中的文本设计

图 2-3　TJ 个人网站

除了上述诸多要点，还有一个最重要的，就是要保持页面的平衡。如图 2-4 所示的页面中选择的字体、字号的大小、疏密和文字的粗细都存在着一种和谐与平衡的关系。

图 2-4　moresoda 网站

除了大段的文字信息外，网页中还会出现各种情况的文字信息，如网站标题、导航信息和印在图片里的文字等。moresoda 网站中的字体给人留下了很深刻的印象。白色的大标题，字体粗细结合，有张有弛；上方黑底白字的导航文字十分醒目，形成了网站特有的风格。

同一页面内采用的字体宜在 3 种以内。当字体少时，更易使文案和谐，尤其在一个站点内，字体运用更应讲求整体感。例如以"幼圆"字体为主，"黑体"为辅，大标题与内文字型变化各有规定，那么全部页面均需遵行。每个页面都这样设置文本，即使内容有别，人们也会觉得具有统一印象，视觉的冲击力较强。字号大小的变化也不宜太多，大约 3～6 个层次即可。字号越大，字体选择就要更加谨慎。着重体现理性的网站宜采用较冷静理智的字体，如黑体、幼圆、宋体。感性类的网站不妨使用较具变化感的字体。字体与字型均不可太多。

如图 2-5 所示，登录 firstborn.com，让人十分感叹。站点主体信息就是文字，文字是网页结构、导航和信息内容的主体，同时也兼顾了插图的作用。普通字体的运用却能使人感到"惊艳"。网站是基于 Flash 技术构建的，文字的动态把握得非常好，渗透出一种干净、大气、时髦的文化信息。

图 2-5　firstborn.com

2.1.2　图片设计

图片在网页中有很多作用，网页框架和导航需要靠它来实现，特殊信息需要依靠它进行视觉传递。

进入 kixxprime 汽车加油网站的首页，如图 2-6 所示，一眼就可以看到左侧的汽车图片，它和灰色的网页背景融合在一起。虽然只是一张照片，但一看便知这是一个与汽车相关的网站。

假如去掉这张插图，更换成其他抽象图片，如图 2-7 所示，网站会变成怎样呢？浏览者又会有怎样的感受？

去掉这张"标志物"的图片，会让人感觉缺少了些什么，既无法表达出明确的站点信息，又无法让浏览者从直观上加深对网站信息的理解。看来，插图照片不仅仅起到美化页面的作用，更深远的意义是让网站更直观、更明确。同时，选择与内容相符的图片作为设计的素材是至关重要的。张冠李戴的结果只能是让浏览者感觉莫名其妙，还可能对网站产生置疑。

网页中如果加载太多图片，会影响页面打开速度，所以要多使用 GIF 和 PNG 等专用于网络传输的文件格式。

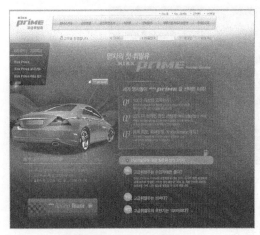

图 2-6 kixxprime 网站

图 2-7 替换图片后的 kixxprime 网站

1. 网站标志

网站标志（Logo）一般由图案和文字组合而成，用于宣传和各个站点间交换链接。它是整个网站的商标，传达着网站的理念和内涵。Logo 的创意通常来源于网站的名称，很多人认为网站的标志一定是横长方形的，甚至认为网站标志不能做成竖长方形，这样想就有些教条了，遇到奇特形状的 Logo，页面设计可以做出相应的调整，能打破传统的模式化页面格局也是体现风格的方式之一。

网站标志的位置通常在页面的左上角，但它也不是一成不变的。页面设计的个性发展需要设计师们的大胆尝试。也许现在很多商业站点无法使用太前卫的形式，人们接受事物总是要有一定的过程。

如图 2-8 和图 2-9 所示，Visualbox 和 moksha 的标志放在页面的显要位置，有着强烈的形象识别功能。

图 2-8 Visualbox 网页

图 2-9　moksha 网页

中国现车交易网的 Logo（见图 2-10）在设计时采用的是形象手法，形象手法就是采用与 Logo 对象直接关联而具典型特征的形象。这种手法直接、明确、一目了然，易于迅速理解和记忆。最大的特点就是将网站的产品形象化，和 "车"字融合为一体，有效传递网站定位和核心产品。在用色上对比鲜明，图形格外醒目鲜艳，

图 2-10　中国现车交易网 Logo

能给人以很强的视觉冲击效果且保持视觉平衡、线条流畅，整体美观、大方。

图 2-11 中的 Logo 是由文字和具体图形组合而成的，颇有动感。不仅仅因为这是一个运动网站，

图 2-11　韩国篮球网站

而且倾斜的文字给人一种纵深感，衬在下面的五角星具有放射状的外观，给人的感觉就像是篮球砸在地上，发出声响。这个 Logo 的与众不同之处在于，当鼠标指针滑过的时候会变化成右面的形象，让访问者印象深刻。

如图 2-12 所示为 Infolytik 网页的 Logo，综上所示，不同设计风格的 Logo 会给人带来不同的感受。整个网页的设计中它占有很重要的位置。如果 Logo 是事先就有的，那么在网页的设计过程中，整个网页所应用的颜色要尽量贴近 Logo 中的颜色。如果 Logo 需要设计，则需要根据网站的内容和所要突出的主题去设计一个形象贴切的 Logo，这也是网页设计师所要做的。

图 2-12　Infolytik 网页 Logo

2. 背景图片

页面背景可以衬托出整个页面的气氛。用什么样的图片或颜色作为背景要看网站的内容和类型，如图 2-13 所示为哈根达斯网页。

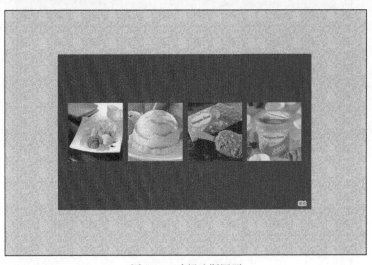

图 2-13　哈根达斯网页

带有古典花纹的背景会给人一种古老和经典的感觉。这种典型的欧洲式花纹繁复而华丽，是很多欧美网站所钟爱的。

如图 2-14 所示为 ugurcan 网页，细心的读者会发现，这是用很多张报纸拼叠在一起构成的背景。老报纸传达出一种神秘感，就像是正在开启的尘封档案。为了防止过多的黑色给访问者带来的压抑感，设计师在页面中加入了几点鲜艳的颜色，以增加页面的生机。

图 2-14   ugurcan 网页

如图 2-15 所示为 PSDtuts+网页，这种木纹肌理的背景图会使页面增加质感，与上方做旧效果的纸张一起产生一种怀旧的感觉。设计师在这个页面中充分应用了较为暗淡的颜色，使访问者的视线集中在页面的文字上，暗色和淡色会给访问者轻松的感觉。

图 2-15   PSDtuts+网页

在使用页面背景图片时要考虑到图片的大小，一般使用 100KB 左右的图片就不会存在传输障碍。无论背景使用怎样的色彩搭配都要充分突出页面内容，尽可能做到内容统一，浑然一体。

网页中的背景图不要喧宾夺主，要为网站的内容服务。

3. 辅助图片

在页面设计构成的诸多要素中，辅助图片也是形成设计风格和吸引视觉的重要因素之一。网页辅助图片在信息传达上应该具备如下功能。

（1）要有良好的视觉吸引力，能吸引读者的注意力，通过"阅读最省力原则"来吸引人们注意网站。

（2）要简洁明确地传达网站信息的思想概念，有良好的看读效果，能使人们一目了然地抓住网站信息的诉求重心。

（3）有强而有力的诱导作用，直接诉诸视觉，造成鲜明的视觉感受效果，能使人们与自己的问题联系起来，从观看过程中产生愿望和欲求。

（4）需要与页面设计风格协调统一，如果不统一，就需要手动美化。

总之，辅助图片的选取和使用不能只考虑是否漂亮，应从更多层面来考虑。

如图 2-16 所示为日本温泉网站，很显然，该网站的风格十分鲜明，给人一种清雅舒适的感觉。网站中选择的辅助图片准确直观地传达出了主题，又起到了协调各个页面的装饰作用。

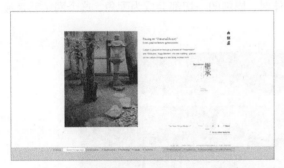

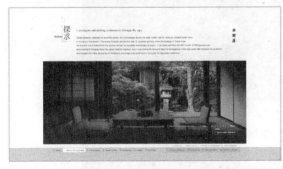

图 2-16　日本温泉网站

留白不是白色的意思，是指空白的、没有任何信息、仅有背景色充填的区域。留白区面积大时会给人一种高雅、孤傲、时尚的心理感受。文化、时尚、艺术等很多类信息的网站都可以采用大面积的白色布局，是一种常见的平面设计。

如图 2-17 所示，通过辅助图片可以很容易地猜到这是澳大利亚内陆某个餐厅的网站。让访问者光凭简单的图片就能明白网站所想要表达的主题，这就是将图片运用到极致的效果。

图 2-17　Outback 餐厅网站

　　如图 2-18 所示为一个卡通网站，因此在页面中添加了很多俏皮的元素。整个网站最突出的部分就是页面中间的 Flash。当单独的元素成为主体时，周围的一切都会成为配角，这个网站就是最好的例子。

图 2-18　Keytoon 网站

　　鲜亮的颜色更明显地划分了主次。同时用有相同感觉的图片来呼应，也起到了平衡的作用。试想一下，如果这个页面中只有中间的 Flash，而没有其他的图片，就会使原本活泼的页面显得死气沉沉。但是，在设计时要注意区分内容所在的位置，不是所有的元素都适合摆在同一位置，也不是所有的位置都适合摆放同样的元素。

4．动态图片

除了静态图片外，还可以把枯燥的信息变成灵活又轻松的动画。文字、图片和动画效果的交互功能可以使网站变得内容丰富且有吸引力。但是一个好的网站并不是在页面中罗列所有的特效及堆砌大量图片，而是要"动静"相辅相成，相对于"静"来说，"动"是吸引注意力的好方法，因此要把"动"运用在最合适的地方，结合需求使用不同的技术以求达到最好的页面效果。

网页中的常见动画分为 GIF 动画和 Flash 动画两种。

GIF 动画的原理是在一个文件内存储多帧（Frames）图像，然后按顺序显示，同时还可以设置每帧的延时时间。GIF 动画目前仍被广泛应用，因为它不需要安装播放插件就可以在各种浏览器内显示。

Flash 动画主要是由矢量图形组成的，而且其播放采取了"流模式"，使其网页内的 Flash 动画能够边下载边播放，因此访问者可以很快就看到动画效果。Flash 虽然功能强大，但是依然需要安装浏览器插件才可以播放，同时，Flash 动画的效果越复杂，其占用的系统资源就越多，如果页面内的 Flash 过多，则有可能占据访问者计算机的大部分系统资源。

现在很多网站乐于使用通栏的 Flash 来整合统一的网站效果。先由主题决定 Flash 的内容和颜色，然后由 Flash 的颜色决定整个网站的主体颜色和辅助颜色。无论 Flash 中的图片怎样变化，其中的颜色是始终如一的，其辅助图片的颜色亦然。如图 2-19 所示是一个卡通网站，因此在页面中添加了很多俏皮的动画元素。这个网站最突出的部分就是页面上方的 Flash。当单独的元素成为主体时，周围的一切都会成为配角，这个网站就是最好的例子。

图 2-20 是全 Flash 技术构架的网站。网站信息量不大，给设计师带来很大的发挥空间。鼠标悬停时，背景图中显示器的界面会变换成不同的效果。网站设计颜色偏暗，导航条简洁，整个网站看起来很现代，有些简约主义特点，并且动感十足。

 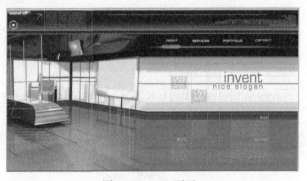

图 2-19　Flash 卡通页面　　　　　　　　　图 2-20　Flash 页面

2.1.3　图文排版

作为信息载体形式，文字和图片不是孤立的存在，它们需要相互配合，这主要表现在两方面。一方面是文字印在图片上，但从可读性角度出发，在图片上的色彩和画面单一的地方印字，文字色彩与图片色彩的明度与彩度差距要合理，减少文字和图片之间的干扰才能产生较好的视觉效果。除了应容易识别辨认外，还应认真推敲图片内容、视觉特征、构图及色调，选择合适的地方安排文字，使文字画面形成统一的整体，而不是破坏图片的视觉效果，影响图片信息的传达。

Payless ShoeSource 是品牌时尚类的电子商务网站，如图 2-21 所示。它的产品广告和商业插图上都印了文字，这些文字不是随意堆砌在图片底面上的，而是经过周密的思考，文字既可以和图片融为一体，又没有折损画面。清晰的文字、不同的字体，使页面看起来有着各样表情。

另一方面是在图片较多的情况下，要进行合理的图文排版。将数张图片以整齐有序的形式排列在版面上，称为块状组合。将图片分散于版面的各个部位，使版面成为自由的不呆板的形式，称为分散组合。

块状组合具有鲜明的理性感，我们把一些图片很整齐地排列在同一版式内时，就像街道一样，把相邻的图片对齐排列，自然强调出垂直与水平的效果。按照这样的编排，文字与图片混编的情况就很少，往往是文字与图片分别编排。paintingsdirect 网站中的艺术品图片就采用了块状组合的设计，使页面看上去有理智和冷静之感，如图 2-22 所示。

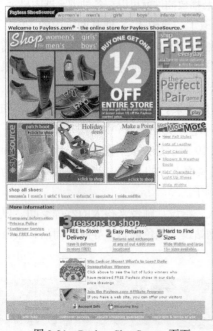
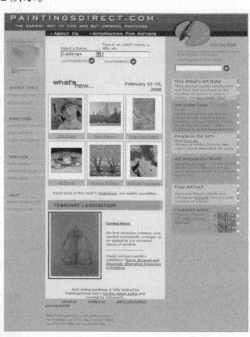

图 2-21　Payless ShoeSource 页面　　　　　　　图 2-22　paintingsdirect 网站

在版面上配置相同数量的图片，如果采用分散性的组合方式，马上就会给人自由、明快的印象，过分拘谨的感觉就没有了，再结合富有变化的文字形象，版面上会显得轻松、愉快。只是在设计时要注意变化和条理相结合，避免一味强调分散和变化，致使版面杂乱无章，如图 2-23 所示。

图 2-23　Polecat 网站

2.2　导　航　设　计

导航是网站设计不可缺少的基础元素之一，从本质上讲是一组超链接，目的是帮助访问者快速准确地浏览网站。它不仅仅是信息结构的基础分类，也是浏览者的网站路标。导航是引人注目的，浏览者进入网站，首先会寻找导航条。根据导航菜单，直观地了解网站储备了哪些分类信息以及分类的方式，以便判断是否需要进入网站内部查找需要的资料，因此在设计时务必要使导航栏简洁、容易上手。

导航作为页面的重要视觉元素，放置在明显、易找、易读的区域是必要的，这可以让浏览者进入网站第一时间看到它。在通常情况下，导航栏都会放置在网页的顶部或者左侧，对于信息量较大的网站，还可以添加一个扩展导航栏。Flash 是制作导航条的优良工具，近两年，网络上出现了很多不错的 Flash 导航设计。

导航样式有很多，包括横排导航、竖排导航、多排导航、图片式导航、Jump Menu 下拉菜单和隐藏式导航等。多种样式的导航设计是为了与不同风格页面设计协调统一而衍生出来的。由于网站可能储备了多种类别信息，所以一个网站不一定只有一个导航菜单。到目前为止，光标悬停式导航栏较为常见。

图 2-24 是最常见的一种横向导航栏，为了体现独特的新鲜感，设计者将其制作成了动态模式。当鼠标指针划过所选栏目时，不仅在栏目上字体变为绿色，同时也弹出了新的导航栏。在被选中的栏目下方出现的鲜亮草绿色悬停标志让人一眼就能看到，同时也解决了色彩单一的问题，而其他白色的文字是未被选中的栏目。

 提示　导航不是孤立存在的，它的设计要与页面其他元素协调统一，它的风格代表了网站的风格。

纵向导航栏适合内容不多，但要体现自我个性的页面，因此多为个人网站所采用。因为纵向导航栏所占的面积要大于横向导航栏，而且会影响到整个页面的布局，所以在设计之前就要考虑好导航栏目的排列方式。图 2-25 中的导航栏采用卡通的风格，与网页的整体效果相呼应。

图 2-24　echo.com 网站

图 2-25　儿童网站

Flash 技术运用在导航设计上，可以使我们常常注意它的炫目动感，但是不要忽略了它的使用功能。如果电脑里没有 Flash 浏览器，看不到导航，也就无所谓美和丑了。甚至对方连进入网站的入口也无从寻找，尽管设计得很完美，但这一切都没有了意义。

特殊的动态效果通常是以一部分人的喜好订做而成的，对信息流量大、受众群体复杂的网站来说，太过个性化的导航很不实用。而一些浏览者特定、信息流量相对较小的网站很适合使用 Flash 导航。有了这个技术，也不能随意滥用，网站设计并不是"动就是美"，动态仅起画龙点睛的作用，一些大的门户网站，例如淘宝等，都不是用 Flash 导航的。

如图 2-26 所示是一个全 Flash 实现的网站。场景中的卡通图标可以使画面跳转到其他场景。整个网站充满了趣味性。全 Flash 构架的网站中，导航按钮被设计成千奇百怪的动态物体，这是网络新媒体形式的一大特点，但是对信息量大的网站来说，并不适宜。

图 2-26　卡通 FLash 网站

我们都知道，当网站存储了大量信息时，为了便于查找和阅读，必须要把信息归类。归类后的信息还需要继续整理成小类，依次下去成为树型结构。把每类信息中提取的简要文字放置在所有页面中，就形成了现在名为"导航"的页面元素。

如果同一网站的信息存储类型有多种，不能把所有类别的信息分类放置在一起时，就势必会出现多个导航条。多个导航条混排在一起，只能使网站信息结构更加混乱。导航可以分出主次，通过页面设计，调节页面中各部分的平衡，解决信息管理上的众多问题。

多个导航出现在同一页面时，导航的作用逐渐扩大。设计这类网页时，导航是一个重点环节。

如图 2-27 所示是一个销售音乐专辑及音乐相关设备的电子商务网站，它有两个导航条。上部导航是有关持有方信息的导航；左部导航是产品分类导航。两个导航解决了网站产品销售上的问题。

以产品为主的网站，如果把产品导航隐藏到下级栏目，就失去了最好的推销机会。产品导航放置在首页可以节约购买者查找信息的时间，又可以提高网站易用性功能。另外，对于电子商务网站来说，持有方可靠与否，如何使用在线购买程序等信息都是十分重要的，把这部分信息导航放在页面上部是很合理的安排。与之截然不同的是，其他类型网站经常把网站相关信息放置在页面最下部。

通常我们的概念里认为"含有文字信息的导航"才是导航，实际上并非如此。

在电子商务网站中，我们需要根据缩略图选择商品，确定后，鼠标单击查看详细说明，这些缩略图也是导航。它们既是样品导航，同时也是网站插图，兼顾多种使命，一定要从全局的规划来思考设计。如图 2-28 所示为一家婚纱类电子商务网站，简洁干净的样品背景图与网页大的背景图色调一致，使得整个页面的风格协调统一。

图 2-27　MusicShop 网站

图 2-28　AlicePub 网站

2.3　框架结构设计

众所周知，框架设计是网站设计的基础部分。形象一点描述：把页面当作一张白纸，在上面划分出大小区域，并把信息安排到格子中去，划分区域的方式就是框架设计的重点。框架设计不是孤立的思考，而是与导航设计、标题按钮、网站色彩等方面结合起来进行的。框架的形式是多变的，它应根据网站的信息内容划分，有重点的突出和排列信息。

参考现有网络上呈现的设计条件，页面框架结构可归为 3 类：分栏式、区域划分、自由型。

2.3.1　分栏式

分栏式结构是最常见的网页框架，是类似于新浪网（www.sina.com.cn）的页面骨架设计，以超过一屏半为准，把页面从上到下分割为几列构架的设计结构。

分栏结构是一种开放式框架结构，它的用途很广。通常适用于信息量较大、更新较快、信息储备很大的站点，如门户类、资讯类网站。分栏结构中，三分栏最为常见，除此以外还有二分栏、四分栏和五分栏等情况，它们是以具体分栏列数命名的。超过五分栏以上的结构十分少见。通栏（也就是一栏）是较为特殊的结构框架。

分栏式结构将主要信息放置于显要的页面位置上，根据信息的重要程度，从上到下排列和从左到右排列。三分栏结构一般是把主打内容放置在中栏，相对不重要的信息或功能模块，如登录、注册、邮件、搜索和天气等，可以放在侧栏（居左或者居右的分栏）。

如图 2-29 所示的网站十分简洁。使用直线划分页面，几乎没有任何装饰；标志庄重、醒目，起到增强识别的作用；网站色彩活泼、大方。整个网站看起来既庄重整洁又不死板。框架设计起到了很重要的作用。

框架是为了合理安排信息而设置的格局，在保持整体网站风格一致性的条件下，网页结构应随着本页面放置的信息类型、信息量等信息内容方面的相应需求而设计。

如图 2-30 所示的二分栏结构在网络上十分常见。它的框架设计也是根据内容形式的变化而灵活变动的。首页是右宽左窄的二分栏，宽栏内嵌多个小栏，可以放下更多不同类的信息条目来机动地处理文字信息与图片信息的关系。

图 2-29　IDOnline.com 网站

图 2-30　The beauty of CSS Design 网站

如图 2-31 所示是一个电子商务网站，结构设计很严谨。分栏结构使页面看起来很大气，同时又制造出更多灵活变化的空间。广告信息、文字信息与结构结合紧密，图文比例适中，在紧凑的页面布局里，浏览者并不感到拥挤。色彩丰富、页面整洁，很符合大型电子商务网站的设计要求。

图 2-31　Target 网站

2.3.2 区域划分

区域划分即利用辅助线、图形和色彩把网页平面分为几个区域，这些区域可以是规则的或不规则的。由区域所形成的网页框架叫做区域排版，它其实是分栏式结构的变异。区域排版之所以逐渐衍生出来，主要是因为它比分栏结构更加灵活，可以适应多种信息内容编排的需求，解决分栏结构无法解决的诸多问题。

如图 2-32 所示，MikiMottes 是个人网站，它的设计十分有趣。它是由多种色彩和漫画手法填充的区域拼合成页面框架，配合手绘风格的图表和插图，整个网站活泼又有个性。

信息分类多且功能模块多的网站宜采取区域排版。区域划分的方式可以很清晰地把网站的内容分类展示给浏览者。它是一种实用性强、灵活易用的骨架设计结构。

提示　区域划分变化性强，使用面更为广泛。

采用什么样的骨架结构，并不是"教条式"的选择，而是配合合理内容有针对性地设计。由于信息形式的需要，现在很多页面骨架是由分栏式和区域排版两种结构结合而成的。框架的变化莫测是实用网站风格与其他网站不同的基点。

与三分栏的典型区域划分骨架不同，如图 2-33 所示的 MAD.net 网站设计是以三栏为基础并在栏式结构中划分小格局的骨架结构。由于区域色块的填充，这个网站的骨架更趋向于区域排版。

图 2-32　MikiMottes 网站

图 2-33　MAD.net 网站

2.3.3 自由型

分栏式结构和区域编排以外的网页框架归属为一类，即自由型框架，也叫无规律框架。自由型布局可以称的上是"现代型"结构布局。因为这种结构布局打破了其他结构的固定模式，大胆地发挥空间想象，把页面设计成一幅极具创意的广告作品。这种页面通常用精美的图片、网站标识性图案（Logo）或变形的艺术化文字作为设计中心进行主体构图，菜单栏则当作次要元素处理，自由地安排在页面中，起到点缀、修饰、均衡页面的效果。

这类结构一般用在时尚类网站中，如时装、化妆品等以崇尚现代感、美感为主题的网站，而专业性的商务网站不宜采用。这种结构布局的优点是靓丽、现代、轻松、节奏明快，很容易让访问者驻足欣赏。但缺点是下载速度缓慢，文字信息量少，访问者不能直奔主题，需要费些周折才能找到所需要的信息。

如图 2-34 所示网站设计没有框架的束缚，采用房间的顶视图为视角，用色、风格都以突出个性化为主。虽然没有框架结构的限制，页面设计很自由，但相对排放的信息量却非常少。

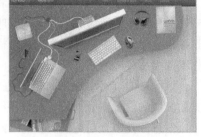

自由型的页面设计是 Flash 高手建站时常用的页面结构方式。总体来说，自由型结构都很有个性，同时也是独一无二的。这些特殊的结构不适合信息流量大的网站。它们是非常特殊的、具有单一针对性的作品，所以在观摩学习的同时，最好不要随意照搬借用，更多的是思考作者的创作意图。

图 2-34 　Rzmoka.com 网站

随着网络设计行业的飞速发展，网站结构设计出现了两极式的分化。一种就是分栏式结构和区域排版结构的完美结合，较适合信息量大、较严谨的网站；另一种是无法用规律的方式总结它们的个性化骨架设计。无规律的页面设计在国外十分多见，用途很广。它会逐渐与有规律的骨架糅合并用。通过网页设计工作者不断创新，无规律的页面设计也会逐渐应用到信息量大的网站中。

信息决定框架设计，信息层次分类分层决定页面布局。

信息存储量、流量都很大的门户资讯类网站应选择分栏式结构为主体的内嵌区域排版设计；信息量较小的网站可选择区域排版页面设计，利用框架的独特风格可把信息内容少的页面充实起来；信息量很小，同时加强视觉效果的网页可选择自由型的版面。

2.4 风 格 设 计

每天都有若干网站发布，同类网站成百上千。优胜劣汰的生存环境要求网站不仅具有良好的阅读功能，还需要页面整洁、美观，最好能有独特的吸引视觉的效果。任何一个网站都应该具有自己的特点，都要根据主题和内容决定其风格与形式，因为只有形式与内容的完美统一才能达到理想的宣传效果。如果没有独特的个性化视觉设计，一个网站即使在其他方面都考虑周全，也只会平庸而乏味，缺少良好的欣赏功能。进一步提高页面设计的美感和实用性，多层面的周全思考和与众不同的风格创意是互联网经济发展的重要一环。创意是视觉传播作品的核心，为了不与他人作品类似、雷同，被信息的海洋所吞噬，网站风格设计越来越被看重。

网站创意，不仅仅是依靠色彩、图片、格局和文字等视觉元素自身的独具创新，重点是视觉元素在页面中达到协调统一、保持一致的识别体系。网站的特有风格还包括信息内容的规划管理、互动程序的建构和使用方法等其他非视觉方面。

如何设计出富有创意的网站是很难用语言总结的，没有固定的程式可以参照和模仿。同一主题，固定内容，任何两个人都不可能设计出完全一样的网站。即便如此，网页设计行业还是在长时间的累积和总结中归类出平面、像素、三维和文字等多种约定俗成的网站设计风格。

网站所表现出的风格是很重要的，设计者应该认真考量，以使网站风格起到展示网站品牌和传达网站信息的作用。

2.4.1　平面风格

平面风格是网页设计中最常见的一种风格，大多数的网页都采用这种样式。它以二维设计为范本，侧重于构图和色彩。任何一种类型的网站都可以采用这类的设计风格。

用制作平面广告的方法来制作网页，需要从思想上转变一下，从页面中往往可以隐约地看到平面设计的影子。根据我们所使用的平面素材类型的不同，平面风格又可以分为照片风格和矢量插图风格两大类。

1. 照片风格

使用照片作为网站背景，或许在好多人看来是十几年前互联网刚刚兴起时的做法。但如果看到处理得好的网站时就不会这么想了。用照片作为主要元素的网站往往让人耳目一新。

如图 2-35 所示是一家品牌 LED 灯具的页面，它很好地利用了照片元素的基本作用。它之所以成功就在于浏览者马上就能准确无误地理解网站的主旨。照片本身就很美，同时还有效地传达了网站的主旨。大多数情况下照片都是放在页面上不起眼的角落里或者做成通栏的横幅广告条，所以当我们看到这么有创意的用法时，就会眼前一亮。在这个网站中，正因为用了照片，网站才不至于枯燥乏味。

图 2-36 中的 LogicSource 页面使用照片背景只是为了追求美学效果。如果没有此类装饰性的图片，该网站将毫无亮点。使用这种设计风格时，还有一个重要事项要注意，如果背景图片很复杂，那么前景就不得不朴素。为了避免凌乱的页面，必须这么做。这样做也有好的一面：它让信息更容易凸显出来。内容显示在照片之上，用这种设计方法，内容的可读性就很好，而且也取得了复杂和简单之间的平衡。

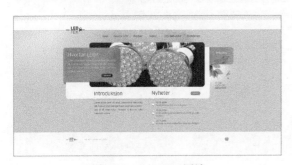

图 2-35　LEDTEK 网站

图 2-36　LogicSource 网站

千万不要低估了照片所能取得的效果。同时也要牢记一点：越有效果的东西，使用起来越要小心。照片风格可能生动、有冲击力、意义丰富，但如果用得不恰当，也会破坏掉页面的整体效果。

2. 矢量插画风格

矢量插画图片通常体积较小，而且无论是放大还是缩小图像都不会失真，因此用这种图片制作出来的页面浏览和刷新的速度都比较快。但是矢量插画图片也有缺点，就是不能逼真地表现事物的真实效果。矢量插画图片制作起来不像照片那样仅需要简单处理就可以应用了，因此在设计过程中要注意控制插画图片内容清晰明快。

越来越多的网站设计完全采用矢量插画图片作为素材，浏览这类网站很有意思，因为每个站点都能给人留下不同的印象。这些矢量插画图片的风格就决定了整个网站的基调。插图不一定都是活泼明亮的，同摄影作品一样，矢量插画也可以营造出任何想要的气氛。

如图 2-37 所示的 Zuzanka 网站就是一个展示矢量插画如何主导整个站点设计的好例子。

网页的设计者并没有将插画塞满整个背景，然后又若无其事地去设计其他部分，而是围绕着插画精心设计了整个站点，或者说，是围绕着整个站点精心设计了插画？面对如此浑然天成的设计，要回答这个问题殊非易事，应该说它带给了用户一种妙不可言的感觉。网页设计的关键就是整体性，而这一点通常是使用摄影作品无法做到的。如图 2-38 所示为使用矢量插画风格设计网页的其他例子。

 虽然使用矢量插画的花销更大，设计师投入的精力更多，但是也更容易做到网页整体风格的协调统一。

图 2-37   Zuzanka 网站

  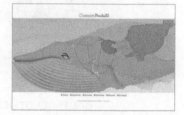

图 2-38   AQUA Contents Produce 网站

2.4.2   像素风格

像素风格的网站在国内还不是很常见。目前像素画制作技术以日本和韩国较为成熟，它的特点是轮廓清晰、色彩明快。应该说像素风格的网站为互联网增添了一道靓丽的风景线。

如图 2-39 所示是用素雅色调来搭构页面，这个网站的主体部分设计得十分精致。导航栏中的每个按钮都很小，但是无一例外地具有与访问者的互动效果，给人一种与众不同的新鲜感。

如图 2-40 所示是新加坡管理学院的网站页面，它给访问者的第一感觉是很卡通，很像一个小游戏，亲和力强。在浏览的过程中也有置身游戏之中的感觉。这个页面有多种导航方式，利用 Flash 的互动功能，将隐藏的元素显现出来，同时开启另一个导航方式，给访问者一种寻找新鲜事物的好奇感和刺激感，使得浏览的过程就像是在做游戏，别有一番味道。

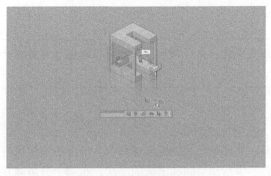

图 2-39　Pixel.nascimpact 网站　　　　　　　图 2-40　新加坡管理学院网站

　　虽然像素风格的网站在国内目前还不是很常见，但其独特的风格和给访问者带来的不同以往的感官效果会促使越来越多的设计师选择这种设计手法。要注意的是每种风格都有自己的应用范围，越过了这个界限，效果就会适得其反。因此，在网页设计的过程中，不能因为当前流行的趋势或是自己的好恶来设定设计的方向，而是要根据网站的主题和受众的需求来确定设计风格。

2.4.3　三维风格

　　因特网更像是平面的和静态的，这就使得那些具备一些空间感的网站看起来相当与众不同。为设计的某些方面添加一些立体感就能很好地强化网页的总体视觉感受，并使其变得非同凡响。这种方法能让网站变得独特，并能提供一种空间开阔的感觉，多少能为浏览者带来些视觉享受。这种设计风格通常用于游戏、音乐、影视以及部分个人网站的页面。如图 2-41 所示为一个三维风格的网站。

图 2-41　Intel InTru 3D 网站

　　通常在见到"三维"这个术语时，很多人会想得很复杂。其实通过一些简单技术和视觉技巧便能产生立体感。最常使用的技巧就是将元素重叠、折叠和使用阴影、凹凸等手法使页面显得更丰富、更有深度，多层次、全方位地将整个页面的内容展示给访问者。靠近物体的阴影会让物体具有立体感，因此会带来一种空间感。利用 Adobe Photoshop 抠取图像也有助于设计者成功地增加网页的立体感。

在制作三维风格的页面之前，要在脑海中将页面仔细地分割好，以免制作的时候产生无法拼接或是不知道如何裁切的困扰。

2.4.4　简洁风格

简洁风格是将设计简化到只保留最基本的元素，大面积的装饰性素材都不会出现在这种风格的设计中。这类网站的范例都是朴素整洁的，有着不少活动空间和清晰的层次，布局十分协调并且易于浏览。

人们通常认为进行简洁风格设计是更容易的事情，但事实上，用这些无装饰的基础元素来做设计比看起来要难得多。简洁风格的好处之一是它减少了画面的混乱感。这就使网站所包含的内容一目了然，大大方便了访问者。这对那些注意力不很集中的用户来说是很不错的。另一方面，由于简洁风格的设计没有那么光彩夺目，所以就需要在内容方面下功夫，让内容本身来吸引访问者。

如图 2-42 所示的 Themes Kingdom 网站是一个包含较少内容的网站范例，它通过精彩的色彩选择和大量留白空间来营造这种简洁的风格，使页面给人一种清新素丽的感觉。这个网站也很巧妙地排布了各种元素，以避免产生凌乱感，它看起来很简单，却凝聚了设计人员的精心设计。

如图 2-43 所示的 ClaineCoullon 网站也是一个具有简洁风格的网站。对层次化的极致应用使得这个网站便于浏览。要注意这些内容简介文字是如何不与主题和标题相冲突的，而且要注意到它们大小合适并且易于阅读。

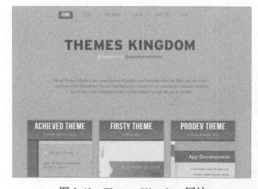

图 2-42　Themes Kingdom 网站

图 2-43　ClaineCoullon 网站

2.4.5　文字风格

在页面中纯粹的使用文字填充，并不只是为了吸引浏览者的注意，这也是一种实用且能解决主要设计问题的方式。首先，文字根据字号不同、字体不同、间距不同等属性都可以体现出层级的变化，而层级是基本的设计原则。

网页设计者能够表现出字形的自然美，并让它传达出网站的主要信息。使用这种风格，特大号的字体会成为整个页面的焦点，所以一定要表述重要的信息。如图 2-44～图 2-46 所示为 3 个文字风格设计的网站。

图 2-44　Ycademy.com 网站

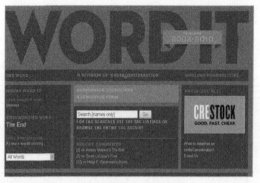

图 2-45　Word It 网站

图 2-46　Extra Polish 网站

习　　题

思考题

1. 版式设计的原则是什么？
2. 组成网页的基本元素有哪些？
3. 网站的设计风格有哪些？

第3章
网页色彩设计

色彩作为视觉信息无时无刻不在影响着人类的正常生活。美妙的自然色彩刺激和感染着人的视觉和情感，陶冶着人的情操，提供给人们丰富的视觉空间。学习和研究色彩的知识和理论体系，才能更深刻、全面、科学地认识色彩，改版视觉和思维方式，激发创造热情，丰富和充实色彩资源"储蓄"，逐步走向自由驾驭色彩的天地。

3.1   色彩基础知识

打开浏览器，在地址栏键入常登录的网站地址，在还没有显示出来前，你已经在"印象存储"中看到网站的色彩了，因为页面中刺激记忆的最初、最持久的元素就是色彩搭配，失去了色彩，人们会失去娱乐的气氛、快乐的心情，色彩是人们生活多姿多彩的表现，是互联网生机的来源。

例如，红色象征热情，绿色象征希望，如果用以红色为主的色彩搭配来设计有关农业的网站，就无法满足人类对色彩的寄予和联想，可以预测，这样的网站会是失败的作品。若是用绿色来设计有关节日庆祝的网站，就无法表达节日的热烈、欢快的情绪。如图 3-1、图 3-2 所示为网页色彩搭配的两个例子。

图 3-1   Deltaco 网站

图 3-2   韩国肉制品网站

网页设计是一种特殊的视觉设计，它对色彩的依赖性很高，色彩设计同时还是网站风格设计的决定性因素之一。色彩在网页上是"看得见"的视觉元素，如图 3-3 所示的 Champlain College

网站的框架就是通过纯色彩表现出来的，色彩是框架设计的支点。假如把其中暖色调的黄更换为冷蓝色，网站的亲和力就会被打破，网站气氛可能会完全相反。

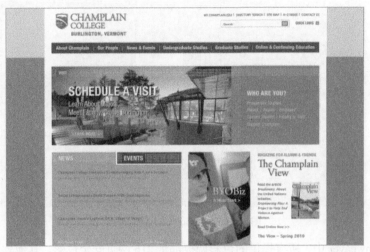

图 3-3　Champlain College 网站

色彩搭配虽然十分重要，但缺少了其他方面的配合和统一协调，也无法设计出优秀的作品。我们通过学习关于色彩的基础知识、配置方法来了解、掌握色彩，并且运用色彩为网页服务。

3.1.1　网页安全色

在网络上，即使是一模一样的颜色，也会由于显示设备、操作系统、显卡以及浏览器的不同而有不尽相同的显示效果。当网页使用了非常合理非常漂亮的配色方案时，网页中的色彩会受到外界因素的影响，每个人观看的效果都不相同，这样，配色方案想要烘托的网站主题就无法非常好地传达给浏览者，那么我们要通过什么方法才能解决这一问题呢？

最早使用互联网的一些发达国家花费了很长的时间探索这一问题的解决方法，终于发现了216 网页安全色彩（216 Web Safety Color）。

216 网页安全色彩是指在不同硬件环境、不同操作系统、不同浏览器中都能够正常显示的色彩集合，也就是说在任何浏览用户显示设备上都能显示相同效果的色彩。使用 216 网页安全色彩进行网页配色可以避免失真问题。我们不需要特别地记忆 216 网页安全色彩，很多常用网页制作软件中已携带 216 网页安全色彩调色板，非常方便。

Photoshop 是常用的平面设计软件，网页中插图的美化和加工通常是用这款软件完成的，它的使用频率很高，如图 3-4 所示为 Photoshop CS3 软件界面。在 Swatches 面板菜单中选择 Web Hues、Web Safe Colors 和 Web Spectrum 等调色板，载入色彩板中的任何色彩在任何进算计中显示都可以保证显示效果是一样的。

　　为什么有很多种不同的 216 网页安全色彩调板？这主要是为了便于不同习惯的设计师们利用自己最喜欢的方式选择颜色。

在 Illustrator 里，选择菜单 Window>Swatch Libraries>Web，即可找到网页安全色彩调板。Illustrator 是用来制作矢量绘图的工具，很多情况下需要用它绘制复杂的矢量图，然后导入到 Flash

中制作动画。

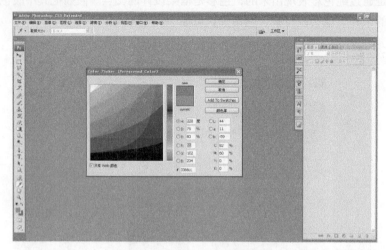

图 3-4　Photoshop CS3 软件界面

而在 Dreamweaver 中，所有提供的色彩调板都是 216 网页安全色彩，其他软件就不一一列举了。虽然只有 216 种色彩可以确保在任何计算机上的显示效果都是相同的，但这并不代表不能使用 216 种色彩之外的颜色。216 网页安全色彩在需要实现高精度的渐变效果或显示真彩图像或照片时会有一定的欠缺，但用于显示标志或二维平面效果时却是绰绰有余的。在合理使用网页安全色彩的同时，还应注意搭配使用非网页安全颜色创造独特的风格。

提示　　使用了非 216 网页安全色彩的颜色会出现怎样的情况？

当网页中没有使用网页安全色彩时，系统就会自动对超出 216 范围的颜色进行相应的处理。具体的处理方法是选择两个类似的网页安全色彩进行交叉显示，而此时的显示效果通常都是比较模糊的。

3.1.2　色彩的三要素

生活中的丰富色彩是在各种复杂的情况下产生的。在理论上，人类用眼睛和利用科学观测方法能够看到和辨别清楚的色彩多达 750 万种以上。人们对物体的观察不仅限于色彩，还会注意到形状、面积、体积、材质和肌理，以至该物体的功能和所处的环境也会对观察效果产生影响。为了寻找规律性，人们抽出纯粹色知觉的要素，认为构成色彩的基本要素是色相、明度和纯度，这就是色彩的 3 个属性。

1. 色相

色相（Hue）指的是色彩的相貌特征。将视觉所能感受到的红、橙、黄、绿、蓝、紫这些不同特征的色彩定出名称与相互区别，这就是色相的概念。如果明度是色彩隐秘的骨骼，色相就是色彩外表的华美肌肤。色相体现着色彩外向的性格，是色彩的灵魂。

在可见光谱中，红、橙、黄、绿、蓝、紫这些色相散发着色彩的原始光辉，构成了色彩体系中的基本色相。图 3-5 所示为 24 色相环。

2. 明度

同一种色彩，光线强时感觉比较亮，光线弱时感觉比较暗，这就是色彩的明度（Value）。所谓明度就是色彩的敏感强度,明度高是指色彩较亮,明度低就是色彩较暗。在无彩色系中, 明度最高的颜色为白色, 明度最低的颜色为黑色, 中间存在一个从亮到暗的灰色系列;在有彩色系中, 任何一种纯度色都有自己的明度特征。例如, 黄色为明度最高的色, 处于光谱的中心位置;紫色是明度最低的色, 处于光谱的边缘。一个彩色物体表面的光反射率越大, 对视觉刺激的程度越大, 看上去就越亮,这一颜色的明度就越高。

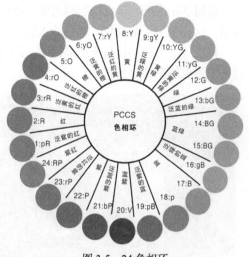

图 3-5　24 色相环

明度在三要素中具有较强的独立性, 它可以不依靠任何色相的特征而通过黑白灰的关系单独呈现出来, 色相与纯度则必须依赖一定的明暗才能显现。色彩一旦产生, 明暗关系就会同时出现。

3. 纯度

纯度(Chroma)指的是色彩的鲜艳程度, 也叫饱和度或彩度。我们的视觉能辨认出的有色相感的颜色都具有一定程度的鲜艳度。比如绿色, 当它混入了白色时, 虽然仍旧具有绿色相的特征, 但它的鲜艳度降低了, 明度提高了, 成为淡绿色;当它混入黑色时, 鲜艳度降低了, 明度也降低了,成为暗绿色;当混入与绿色明度相似的中性灰时, 它的明度没有改变, 纯度降低了, 成为灰绿色。

纯度体现了色彩内向的品格。同一个色相, 如果纯度发生了哪怕是细微的变化, 也会立即带来色彩性格的变化。大家最容易误会的是黑、白、灰, 它们属于无彩度的颜色, 只有明度的变化。

3.2　色彩象征

色彩对人的影响力是客观存在的, 色彩的直觉力、色彩的辨别力、色彩的象征力及感情都是色彩心理学上的重要问题, 比如京剧脸谱中把坏人设计为绿脸, 把好人设计为红脸或黑脸, 虽然这种比喻比较夸张, 但很好地说明了色彩所具有的象征意义, 以及它对人的影响是很大的。

色彩本身除了具有知觉刺激, 能引起人的生理反应之外, 还会经由观赏者的生活经验、社会意识、风俗习惯、民族传统、日常用品等因素的影响而对色彩产生具象的联想和抽象的情感, 这种联想和情感是人类对色彩的共同认识。从心理学的角度去科学地认识色彩的感情因素和象征意义, 有助于更好地为网页设计和色彩选择服务。

下面具体对色彩进行分析。

1. 红色

具象联想:火焰、太阳、血……

抽象情感:热烈、危险、活力、愤怒……

红色的纯度高, 注目性高, 刺激作用大, 人们称之为“火与血”的颜色, 能增高血压, 加速血液循环。用红色为主色的网站不多, 在大量信息的页面里有大面积的红色, 不易于阅读。但若搭配好了的话, 可以起到振奋人心的作用。最近几年, 网络上以红色为主的网站也逐渐多了起来。下面通过对几个网站的分析来具体介绍几种与红色搭配的安全方案。

以图 3-6 为例，带有神秘感的暗红色搭配造型酷酷的卡通人物，烘托出一种先进的、野性的味道。这里使用了暗红色，不会给人过度的视觉刺激，即使长时间浏览，也不会过于疲劳。

以图 3-7 为例，这是个产品网站，深浅不同的红带有韵律和节奏的跌宕情绪，与白色和黑色搭配，形成鲜明的个性特征。

图 3-6　Bryant Park Hotel 网站

图 3-7　TIS 网站

过纯的红色容易使人疲劳，引起人心里的反感，因此一般只有在以节庆为主题的网站中会大面积使用纯红色，而在其他主题的网站中，要使用大面积的红色就需要加白或调暗。

2. 橙色

具体联想：橘子、灯光、秋叶……

抽象情感：温暖、健康、欢喜、嫉妒……

橙色的刺激作用虽然没有红色大，但它的视认性和注目性也很高，既有红色的热情，又有黄色的光明，也有活动的特质，是人们普遍喜爱的色彩。橙色可以营造出朝气蓬勃和大自然的气氛，它没有红色那么激烈，使用范围较广，所以网络上十分常见。下面通过几个网站的分析来具体介绍几种在网页中应用橙色的方案。

橙色被用于各种不同信息类型的网站，甚至门户类站点也十分适用。如图 3-8 所示，像 Mago 这样大胆用色的网站并不多，配合黑色和浅灰色，显得十分时尚。如果感觉纯色过于强烈，可以加入少量的白色或黑色调节一下。

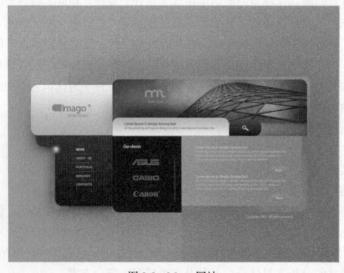

图 3-8　Mago 网站

3. 黄色

具体联想：柠檬、黄金、枯叶……

抽象情感：光明、希望、富贵、朝气……

以黄色为主的网站虽不多见，但黄色是在站点配色中使用最为广泛的颜色之一，它具有明朗愉快的感觉，在各类信息网站中都可以使用，并得到大多数人的认可。下面通过对具体网站的分析来介绍适用黄色的配色方案。

以黄色为主的网站看起来都颇具朝气。如图 3-9 所示的这个以黄色为主配色的网站营造了一种充满趣味、活力和欢乐的氛围，和设计中有趣的图形相得益彰。色彩与图像结合在一起，强化了网站的气氛，而且有助于传递整体信息。

图 3-9 Mooze 网站

4. 绿色

具体联想：大地、草原、庄稼、森林、蔬菜、青山……

抽象情感：自然的、健康的、成长、新鲜、安静、和平、凉爽、清新……

绿色为植物的颜色，虽然象征生命，但是在网络上以绿色为主的网站并不多。如果将它与蓝色、黄色甚至红色搭配起来使用，就会适合更多信息类型的网站，并增加一丝活泼、轻快的感觉，淡绿色、墨绿色的网站颇为常见。

绿色常常给人一种清新宜人的感觉，能以各种方式与大自然相关联，如图 3-10 所示的 Beauty Saloon 网站以绿色的草坪为背景，会带给人草地一般的质感。

图 3-10 Beauty Saloon 网站

5. 蓝色

具体联想：天空、海洋、水……

抽象情感：平静、科技、理智、速度、诚实……

蓝色是幸福色，表示希望，在西方，蓝色是身份高贵的象征。蓝色的用途很广，科技、知识、计算机、企业、政府、男性、门户等多种类型的网站都十分适合使用蓝色。

蓝色代表了"可信"的心理感受，很多企业做网站时都选择了蓝色。图 3-11 中 Epson 网站的页面就是以蓝色为主。在 Web 这个人们相互之间并不了解的虚拟世界中，通过蓝色营造一种安全的氛围再适合不过了。

蓝色能够帮助我们表达出潜在的意图，比如蓝色本身有干净的含义，也很容易让人联想到水、纯洁以及干净的整体感觉，如图 3-12 所示为一个关于饮料的网站。因此，蓝色就帮助这款饮料品牌达成了它们的愿望，给人留下了干净、纯洁的印象。

图 3-11　Epson 网站

图 3-12　Pocari Sweat 网站

6. 紫色

具体联想：葡萄、夜空……

抽象情感：优雅、高贵、细腻、秘密、不安定……

紫色因与夜空、阴影相联系，所以富有神秘感。紫色容易引起心理上的忧郁和不安，紫色又给人以高贵、庄严之感，所以女性对紫色很喜爱。当紫色偏红时，属于暖色，偏蓝时则属于冷色。紫色也是彩虹光谱中最后一种颜色，具有最短的波长和最快的振动频率，因此它神圣宁静。

纯紫色的网站很少，她虽然适用于女性类网站，但是很多女性类网站考虑到自身是信息流量大的网站，应以大众口味为主，所以甚少选她为主色。部分文化类的网站很适合采用纯紫色，个人主页中也十分常用。下面介绍几种应用紫色的配色页面。

如图 3-13 所示的网站紫色与华丽的银色元素结合，显得很高贵，提升了站点内作品的感知质量。紫色使饰品的华美更突出。

紫色有点柔和，和橙色很像，有时让人感到沉闷、孤寂。这反而使得某些站点给人的印象更加深刻。就像图 3-14 那样，华丽的美景棒极了，分散了紫色的色调，创建了一种雅致的氛围。这与网站标志中流畅的字体配合，造就了独特的、有吸引力的设计，这种设计突出了紫色的内涵，创建了愉悦的视觉体验。

图 3-13 jewelry brand 网站

图 3-14 halcyonflux 网站

7. 白色

具体联想：雪、云、白纸、天鹅……

抽象情感：纯洁、清白、纯粹、清净、明快、高尚、整洁……

白色是不含纯色的颜色，除因明度高而感觉冷以外，基本为中性色，明视度与注目度都相当高。由于白色为全色相，能满足视觉的生理要求，因此与其他色彩混合均能取得很好的效果。网站和其他视觉作品不同，它要求具有较高的阅读可视性，所以白色的使用是最多的。

下面的站点大量运用白色，使页面有一种轻盈宽广的感觉，不那么拥挤，看起来赏心悦目。白色通常显得简单小气，但并不都是这样，很多站点利用白色创造了大气素雅的设计。简洁的页面和大量的白色就造就了非常绝妙的整体设计。若添加了复杂的视觉元素，就很容易使这个站点变得乱七八糟。

如图 3-15 所示为一个国外个人工作室网站。干净、专业、高端的内涵，使这个公司给人留下了积极美好的印象。白色的大量使用传达了这样的信息：我们格调高雅，注重实效，不盲目追赶设计潮流。

图 3-15 国外个人工作室网站

以图 3-16 为例，它简约却处处透着优雅，它注重内容本身，不强调内容的框架结构。但这种设计充满生活气息，因而与众不同且令人难忘。与这个简约漂亮的站点相比，有很多复杂的设计反倒更容易被人忘记。

图 3-16　Graf Design 网站

　　超净、淡色的设计确实听起来不动人，很难推销宣传。这种干净的设计不能把信息强行灌输到浏览者的头脑中，所以没有多少客户会被这种设计理念所吸引。然而，这些站点的设计证明，这种风格具有很多魅力品质，是一个可行的选择，值得追求和推广。

　　8. 灰色

　　具体联想：水泥、鼠、阴天……

　　抽象情感：平凡、谦和、失意、中庸……

　　灰色为全色相，也是没有纯度的中性色，完全是一种被动的色。由于视觉最适应的颜色为灰色，所以灰色是最值得重视的颜色。它的视认性和注目性都很低，所以很少单独使用，而它与其他色彩配合使用可取得很好的效果。

　　灰色一旦接近鲜艳的暖色，就会显出冷静的品格；若接近冷色，则变为温和的暖灰色。

　　灰色通常与科技有关，因此常常用于与这类主题相关的网站，这种鲜明的中性灰与现代的设计和科技紧密相连，如图 3-17 所示。这或许是因为现代主义的根源包含太多的中立色彩。这些鲜明、中立的主色调慢慢地与科技和所有现代事物联系起来。

　　图 3-18 中完美地体现了灰色的中立性如何衬托其他颜色，使之更突出。热烈的绿色在灰色背景下非常耀眼，它们在各层次中的优先地位通过这种对比很容易实现。还应注意这个站点的灰色设计为什么时尚，以及如何创建"冷"的环境。

图 3-17　Asaweb 网站

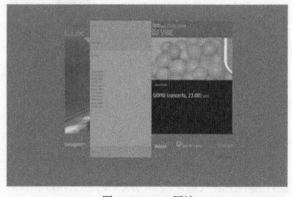

图 3-18　LUX 网站

9. 黑色

具体联想：夜晚、黑发、烟、乌鸦、煤炭……

抽象情感：厚重的、老年的、恐怖、死亡、心底阴险的、严肃、刚健……

黑色为全色相，也是没有纯度的色，与白色相比给人以暖的感觉。黑色在心理上是一个很特殊的色彩，它本身无刺激性，但是与其他色彩配合能增加刺激，黑色是消极色，所以单独使用的情况用途不多，可是与其他色彩配合均能取得较好的效果。

在印刷中用反白文本是不切实际的，但是在网页上却可以非常灵活地运用反白。网页设计者不用考虑纸的渗透程度，只需考虑更直接的问题，比如如何让文本更容易读取。清晰度可通过缩放和调节字体来控制。

黑色最有意思的特征之一是它能凸显其他颜色。黑底的图片非常突出，任何有色的东西一旦与黑色适当结合，就能产生视觉冲击力。如图 3-19 所示的 Kike Riesco 网站就极好地证明了这一点。黑色背景把位于其上的各种饱和色衬托得更加饱满。这些颜色的组合能够创造出精炼深奥的感觉。

图 3-20 所示也是恰当利用黑色的站点，它只是部分运用反白文本，这是非常巧妙的。而且它设计时在黑色和白色的运用之间取得了绝妙的平衡。尽管还是黑色的网站，却并不黑暗。

图 3-19　Kike Riesco 网站

图 3-20　个人网站

3.3　配色方案

视觉作品中的色彩很少以一种色相关系出现，也就是说，常见的网站大多数是以两种或多种色彩调和搭配出现的。单色使用只是视觉设计的一种方式，形式过于单调，无法创造出更加多变的作品，而多种色彩调和的灵活性、多变性和趣味性都比单色时更有魅力。

配色就是处理好作品中色彩的统一与变化、秩序与多样性之间的关系。我们掌握色彩的理论知识是为了培养对配色的感觉。色彩是要与环境结合来判断的，即使是一种非常漂亮的颜色，也只有在与周围的环境相搭配时才能真正称得上漂亮。

色彩的使用没有明确的限制，如门户网站不能用黑色，或是红色不能用在男士网站里，等等。当纯色过于强烈不适合网站信息时，更改一下纯度和明度，也许就符合了设计的要求。根据色彩规律来制定配色方案，可以帮助我们解决色彩设计时可能遇到的一些问题。

　　　　色彩调和是指两个或两个以上的色彩有秩序地、谐调地组织在一起，能使人产生愉快、喜欢、满足等感觉的色彩搭配。

3.3.1　基于色相的配色方案

色彩学家为使色彩更便于研究，将色彩根据不同色相的渐变排列在一个圆形中，称为色环。常见色环有 12、24、48 色等不同的色相，色环中最少有 6 种色彩，将"赤橙黄绿青蓝紫"中的"青"与"蓝"合并成一种，便于研究，如图 3-21 所示为 12 色色环。

色彩的色相对比可以通过色相环上的距离来表示。

1. 同类色色相

同类色色相是指色相环中跨度 15° 以内的色彩对比，如图 3-22 所示。

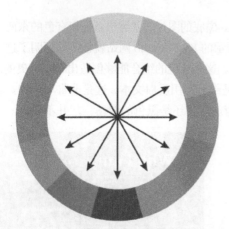

图 3-21　12 色色环

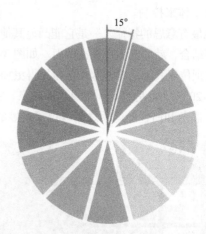

图 3-22　同类色色相

同类色色相因为其色差较小，所以色彩对比很弱，可以形成和谐统一的感觉，但较平淡和单调，在设计作品中适用于大面积的背景，如图 3-23、图 3-24 所示。

图 3-23　同类色色相背景

2. 邻近色色相

邻近色色相是指色相环中跨度 45° 左右的色彩对比，如图 3-25 所示。

邻近色色相要比同类色的色彩略丰富些，但对比效果也不强烈，给人过度自然的感受，红与橙、橙与黄都是邻近色。

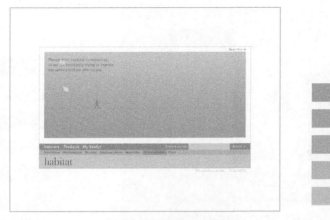

图 3-24 同类色色相背景

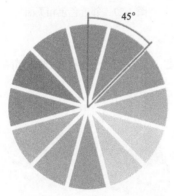

图 3-25 邻近色色相

以图 3-26 为例，这是一组深蓝色调的配色方案，虽然页面色彩有些深暗，但营造出了冷静整齐的效果，深蓝色还透露出一种神秘感。

图 3-26 邻近色色相页面

以图 3-27 为例，在同一个网站内，也许会使用多种配色方案，但要保持统一和谐的气氛就要多使用邻近色，会给人专业、传统的感觉。

图 3-27　邻近色色相页面

3．对比色色相

对比色色相是指色相环中跨度 120° 左右的色彩对比，如图 3-28 所示。

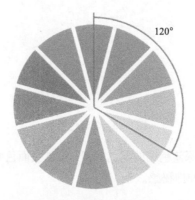

图 3-28　对比色色相

对比色对比是目前应用最广泛的色相组合形式，给人的正面感受为：刺激、动感、兴奋；负面感受为：刺眼、烦躁和不安，如图 3-29 和图 3-30 所示。

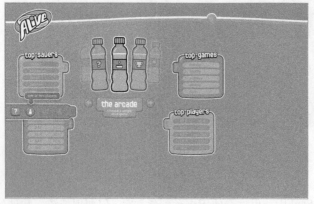
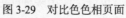

图 3-29　对比色色相页面

图 3-30　对比色色相页面

4. 互补色色相

互补色色相是指色相环中跨度 180° 左右的色彩对比，如图 3-31 所示。

互补色对比是最强烈的色彩对比，两色相搭配能使对比达到最鲜明的程度，能强烈地刺激我们的感官，适合远距离设计。正面感受为：炫目、充实、强烈；负面感受为：不协调、凌乱。互补色色相的搭配方式应该尽量避免使用，应用时需要注意的是面积上的主次搭配，如图 3-32 所示。

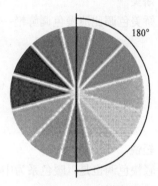

图 3-31　互补色色相

图 3-32　互补色色相页面

3.3.2　基于色彩情感的配色方案

从理论上说，色彩就是一个系统的体系。色相是色彩系统的子系统。子系统之间又有着有机的联系。配色，实际上是优选的问题，即选择什么色彩，选择什么样的组合方式，最后形成怎样的一个色彩整体。色彩设计不仅仅是理性的、逻辑的工作，还是感性的、艺术的工作，不能完全依赖简单的图标和公式解决问题。好的色彩设计还与设计师的艺术造诣有着密切关系，设计师在掌握色彩设计基本规律的基础上，还必须从多方面进行创造性的探讨。

以下的多色配色词典是基于色彩情感的配色方案，可作为设计网页时的参考。

浪漫

浪漫色调是由淡粉色和白色微妙组合的，轻柔温和，有点幻想色彩和童话般的氛围。

娇美

娇美色调比浪漫色调鲜艳一些，天真可爱，甜美而有生气，由粉色构成，以暖色系为主。

轻快

轻快色调也是以暖色系为中心的，色相配色的倾向较明显，因而鲜明、开放、轻松、自由，节奏感比较强。

动感

动感色调以鲜、强色调的暖色色彩为主，是典型的色相配色，形成生动、鲜明、强烈的色彩感觉。

华丽

华丽色调是以强色调和深色调为主的配色，形成浓重、充实的感觉，是艳丽、豪华的色调。

自然

自然色调是以黄、绿色相为主构成的配色，有时候加上少量深颜色，稳重而柔和，是朴素的自然情调。

古典

古典色调是由浊色为中心构成的，以深暖色居多，沉着坚实，富有人情味而带点土气，是传统的深色调。

时尚

时尚色调是介于优雅色调与潇洒色调之间而偏冷的色调，它以浊色为主，显示出高品位的典雅格调。

潇洒

潇洒色调是以暗的冷色为主加上少量对比色构成，有安定厚重的感觉，是富有格调的男性情调。

清爽

清爽色调是以白色和明清色的冷色为主构成的，清澈爽朗，具有单纯而干净的感觉。如果配上偏暖色调作为突出色彩，就会形成明快的色调。

现代

现代色调是硬而冷的色调，具有技术性、功能性的理智形象。有时可用暖色调节，以增加变化。

 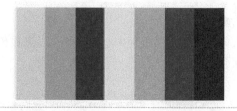

 在网页配色中，还要切记两个要点：

（1）不要将所有颜色都用到，尽量控制在 3 种色彩以内；

（2）背景和前文的对比尽量要大(绝对不要用花纹繁复的图案作背景)，以便突出主要文字内容。

以色彩引发的心理感觉作为分类标志，将任何一种色彩、一组配色或者作品与实物用各种不同的适当的词语来表达，在色彩形象与语言意象之间建立起联系。这对进行网站色彩设计是十分必要的，也便于对感性形象作出理性评价。

 如果看到某幅画或者风景照片，认为它的色彩非常好，就可以提取主色彩保存，并以此作为将来设计网页色彩搭配时的素材。也可以在需要设计一个时尚类的网站时，主动找一些时尚照片，提取照片中的色彩作为色彩资料。

习　　题

思考题

1. 色彩的三要素分别是什么?
2. 色彩有哪些不同的象征?

第4章
各类别网页赏析

4.1 信 息 类

网络是信息的海洋，网民们在其中尽情地冲浪与漫游，网络无疑是他们寻找所需要的信息资源和进行娱乐活动的理想场所。每个网站即是一个公开的小型信息仓库，根据信息的种类、流量大小和用户喜好等进行信息整合、分类、更新和管理。

由于网络信息资源庞大、结构复杂，"信息内容"作为主要设计依据的网站通常被称为信息类网站。信息类网站绝大多数采用开放式分栏结构，以营造大气、整洁的气氛和权威性。这类网站的用户群体年龄跨度大，文化程度不同，网站设计必须以用户的共同特征为依据，用色、细节等不能过于寻求个性而忽略了共性。

4.1.1 门户类网站

门户类网站是互联网中的巨人，通常分为专业领域的垂直门户与搜索引擎类的入门网站，拥有庞大的信息量和用户资源是这类网站的优势。门户网站将无数信息整合、分类，为上网访问者打开了方便之门，绝大多数的网民也是通过门户网站来寻找感兴趣的信息资源的，巨大的访问量给这类网站带来无限商机。

门户网站的用户群体年龄跨度大，地域覆盖面广、文化阅历、知识水平层次不同，网站风格众口难调。程序与页面的结合、导航与频道类别、广告与图文编排等，诸多问题都需要谨慎而周全地布局，不能以设计师的个人意志任意妄为，而是应听取多方意见，小组协商共同探讨。

如图 4-1 所示的 ChinaUI 网站是人机界面设计方面专业的门户网站，颇具权威，口碑好，内容专业，信息全面。标志单列一行，醒目、端庄，图文搭配有张有弛，形成别具一格的页面风格。页面内嵌新闻栏，加大页面空间，保持整体效果。色彩清雅，用色干净，灰色的框架结构使彩图更加突出，网站大气又不失个性。

图 4-1　ChinaUI 网站

提示

门户类网站一定是多频道的超级大站点吗?

不一定。综合性门户固然信息量庞大,但垂直门户是以其行业权威性著称的。一个专业门户,网站的信息更新与发布具有行业权威性是必要的,其次才是大容量的信息空间结构。这样一来,结构设计不一定采用三分栏,可以以独特创新的页面风格营造品牌文化和信息气氛。

如图 4-2 所示的 MSN 网站是著名的门户网站,内容多而风格大气。结构上分为 3 栏,列宽根据信息长度随时调整,在统一的版式设计下寻求细节的变化。广告包含在页面上部插图中,和页面风格融合得很好,还能够起到美化页面的作用。导航栏单为一列,虽不花哨,但内容丰富,易用、易读、易查。有的栏目直接用图片块作为导航,MSN 在页面布局方面处理得当。

图 4-2　MSN 网站

4.1.2　资讯类网站

我们很难用严格的界限去判断什么是资讯类网站。资讯只是一种网站特征,并非信息内容的类别。资讯网站也不是网络报纸,大多以信息内容为主的网站都是资讯网站,如杂志网站、新闻网站、电视台网站等。

资讯只是一种网站特征,与网站气氛一样,任何网站都需要考虑,但大型信息内容的网站要更多考虑如何合理地放置信息,其次是营造怎样的气氛与氛围。了解信息量与信息形式会帮助我们考虑怎样能够把更多内容编排合理，或者把仅拥有少量信息的网站设计得更为大气，显得内容更多而全面。

如图 4-3 所示的 ZCOM 电子杂志网站整体网站大气、简练、灵活。ZCOM 的结构分为 3 栏，栏长不均，错落有致，变化灵活。文字信息的粗细字体形成节奏感，使阅读更舒适，页面更精致。导航部分的橙色好似深沉的蓝色里的变音阶，高昂、欢快。网站的白色、蓝色和橙色运用精炼，铺色用心，恰到好处，使网站风格突出。

资讯类网站需要严谨、清晰和大气的结构框架来放置大量的信息内容，格局划分对页面设计相当重要，它还能从基础开始构建起特色的网站风格。分栏式结构与区域排版结构结合运用，以信息内容为基础灵活变动，效果会很好。

如图 4-4 所示的 mtv.com 网站是 MTV 的全球官方网站。因其是娱乐资讯网站，网站设计除了资讯气氛外，还带有很强的娱乐气氛。黑色的背景搭配灰色的结构色彩，立体块状的结构样式设计使网站的个性鲜明。除了深色调的色彩，设计师还使用了鲜亮的天蓝色和橙色把页面点缀起来，形成欢乐的气氛。结构块与栏的划分、页面信息的布局都与内容信息紧密结合。整体设计既符合资讯网站的要求，可以放大量信息，又符合娱乐网站的要求，突出风格。

图 4-3　ZCOM 网站

图 4-4　mtv.com 网站

4.1.3　机构类网站

机构类网站包括政府、协会和团体等各类官方网站。它们既是庄严的入口也是信息的仓库。它们是人们了解政府，了解各类联盟组织，了解公益协会的窗口，同时是组织、协会等对国内外发言的媒体。因浏览者的人群特征不均，网站设计的色彩选择、细节和风格上以"庄重"为主要要求。

奥林匹克是和平、竞技精神、生生不息的象征。官方网站庄重，文化特点突出，大气且不失细节，是一个值得我们学习借鉴的优秀作品，如图 4-5 所示。

首页背景图是体育场馆，主体图片每隔几秒更换一次，大量的代表体育健儿、奥林匹克精神的图片在不停地翻滚。图片是这个首页的灵魂，它的色彩与内容变化直接影响页面给人的感觉，这种灵活的变换也给人一种活泼和多变化的感觉。

标志位置居上，五环图像很明确地告诉人们这里是奥林匹克中心。延伸到内页设计，醒目的标志给这个网站带来一丝与众不同的风采。

中国工商银行网站主体色为红色，与标志中的色彩一致，使页面的整体效果统一。页面设计中运用了大量的图标按钮，给严谨的页面带来一些活泼的气氛。页面均采用三分栏结构框架，使网站看起来大气、庄重，如图 4-6 所示。

图 4-5　Olympic 网站

图 4-6　中国工商银行网站

4.2　气　氛　类

　　想要把一个文学网站设计出体育网站的竞技感觉是不太可能的。若真放置了关于体育的摄影照片，导致文学氛围消失了，浏览者从心底就不会认可这样的设计。也就是说，任何信息类型的网站都会形成一种特有的气质氛围。当这种气氛与浏览者的心理所期望的感觉一致时，他们才会认可网站。不仅如此，网站气氛可以向浏览者传递某种"只可意会不可言传"的感觉信息，向浏览者渗透网站文化理念，在浏览者心里树立网站独特的形象。

　　营造网站气氛对任何信息类型的网站而言都相当重要，但对非气氛类网站来说，营造网站气氛不是页面设计的最主要的设计要点。反观气氛类网站，因其特殊的信息情况，网站的文化特质才是网站设计的关键。

4.2.1　娱乐类网站

　　想起娱乐网站时会想到些什么？是那些受人瞩目的明星人物和喧闹的气氛，或者是五颜六色的色彩和游戏画面界面，又或者是 CD 里放出来的悠扬歌曲和 Flash 搞笑动画。设计这类网站时，如果没有插图，恐怕就很难仅用文字或色彩营造出符合人们心理的欢快气氛。除了插图之外，音乐也是营造娱乐气氛的重要元素之一。

　　娱乐网站的设计同样要以内容为着手点，在实施设计规划前，对信息内容要进行必要的分析，尤其是对图形图像资料的研究，探讨网站的文化定位点和设计方式，并且通过色彩、图形图像和细节设计等多个方面共同协调营造某种特定的、符合网站信息内容的文化气质。这种文化定位是完成娱乐网站设计最初和最终的目标。

想到游戏网站，必定让人联想到黑色迷幻的暗深色调，或者明快鲜艳的色彩搭配，但这不是绝对的。想要确定这类网站的文化定位是要根据游戏本身的特性来决定的。如要建立一个以信息为主的和魔法有关的官方游戏网站，明清色调的设计方案可作为首选，如同 Flyff 这般轻松、明亮、阅读方便的游戏网站，在游戏官方网站里是十分常见的，如图 4-7 所示。

图 4-7　Flyff 游戏网站

网络游戏的网站与传统游戏的网站设计略有不同，一般情况下是以矢量风格的卡通插图为主体的，全网站用 Flash 制作，色彩对比比较鲜明。OT-TO 的网站就是这样的一个例子，浅蓝色的背景色彩使页面看起来十分明亮，卡通的动画角色使得页面看起来十分可爱，如图 4-8 所示。

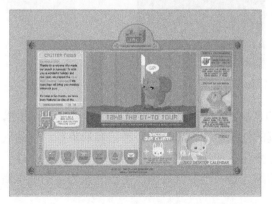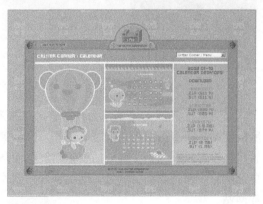

图 4-8　OT-TO 游戏网站

4.2.2 生活类网站

家居与生活用品内容的网站在网络上也逐渐多了起来，其中大部分是以产品为主的电子商务网站或是企业的商务网站。还有很多需要营造出生活味道的网站，比如高级酒店和纺织类产品的网站。生活的气息是温暖的、安全的、幸福的感觉，这些感觉给人们安定的情绪以及依赖感和信赖感。在设计这类网站时，应根据网站的需要解决具体的问题。

女性类、男士类和儿童类网站应以其不同的受众群体而分别思考网站的气氛设计、风格设计和视觉设计。

生活类网站主要是和生活相关的内容。"温暖"是网站气氛设计的关键词，运用室内家居的图片来营造家的气氛再合适不过。除此之外，网站还应突出可靠感，给浏览者一种很强的信赖感。Furniture 网站选用灰色调与橘色使网站看起来更加温和，如图 4-9 所示。

如图 4-10 所示是一家酒店的公司网站，酒店以顾客的要求为目标，网站设计大气，有家的气氛。设计时，择图应以家具感觉为主，尤其是有灯光的图片。在居室里的灯光会给人一种安定、安全、温暖、幸福的感觉，屏蔽掉孤独和陌生，完全符合酒店给顾客营造的气氛。网站设计得体、素美，效果很不错。

图 4-9　Furniture.Co.网站

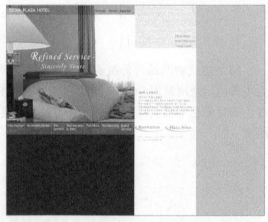

图 4-10　Seoul Plaza 网站

如图 4-11 和图 4-12 所示为日本著名品牌无印良品的电子商务网站。因商品以家用产品为主，所以网站显得十分阳光、温暖又可靠。这种家庭的气氛对顾客来说是一种信赖的象征。网站气氛风格没有因页面抬头部分的少量暗红色而产生变化，相反，暗红色使网站有了鲜明的个性，更加醒目。网站整洁、大方，结构合理，制作精细，是一个非常好的以生活气氛为主的电子商务网站。

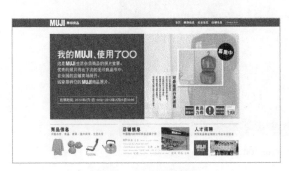

图 4-11　无印良品网站　　　　　　　　　　图 4-12　无印良品网站

4.2.3　时尚类网站

对于充满活力和冒险精神的年轻人来说，追求流行的时尚文化是他们秉持的生活态度。时尚总给人一种捉摸不透而又难以追逐的感觉，但时尚并非总是光芒万丈让人无法接近，从摇滚乐衍生出来的朋克文化，或流行文化中的波普艺术，亦或从黑人生活中总结出来的 Hip-Hop 嘻哈文化，都是时尚的分支。

时尚没有固定的模式和具体的色彩，它是各种流行文化和设计理念的交汇与碰撞，是多种流行文化的代名词。

如图 4-13 所示的 style.com 网站是追逐国际时尚品牌的资讯类门户网站。网站内容丰富，资料齐全，与时尚杂志 Vogue 有良好的合作关系。页面结构采用二分栏，第一栏内放置导航菜单，第二栏根据不同的栏目内容采用不同的页面设计，比较自由，给网站带来一些变化感。框架色彩多用较时尚的蓝色和紫色，部分栏目采用红色和绿色，而灰色起到了很好的协调作用。

图 4-13　style 网站

如图 4-14 所示为一个名叫 progression 的有关音乐的俱乐部网站。网站由 Flash 架构，结构设计突出个性风采。除此以外，网站的色彩设计也相当特别，背景为深灰色，不同栏目通过不同形状的色块修饰结构框架，形成特殊的、带有时尚色彩的页面风格。

图 4-14　progression 网站

如图 4-15 所示的 Georgina Goodman 是著名的鞋子品牌。整个网站高贵，女性化，寓意美好。主色中的米色、粉色和浅褐色给人一种柔和的美感，插图中的鞋子没有如常规的设计方式摆放，而是串成一串，使人浮想联翩；或是将鞋子组合成像鸟的样子，充满了创造力和想象力。网站在设计手法上简洁大方，没有多余的点缀，却能给人一种独特的心理感受。

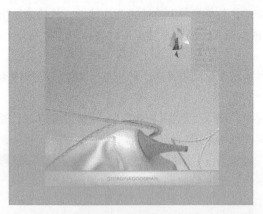

图 4-15　Georgina Goodman 网站

4.2.4　文化类网站

有很多人认为在网络上没有找不到的资料，在这里可以学到很多知识。的确是这样，在线杂志、网络教育网站和传统杂志网站逐渐多起来，它们以专业的资讯和书面出版物的许多特征赢得大量网民的好评。它们都属于文化类网站的范畴，不仅是杂志类网站，博物馆、艺术品投资类的网站也是文化网站的瑰宝，它们的资料齐全、图文并茂，具有一定的艺术价值。随着数码相机进入普通家庭，个人摄影网站也多了起来。

实际上，每个具有独特风格的网站都存在自身的网站文化。网站文化是特殊的传播信息。只有了解了网站文化，才能运用这种特殊的传播方式帮助我们传播某些无法直接用文字或图像告诉浏览者的信息。

独特的文化同样造就了独特的网站风格，视觉设计也会具有独特的个性特征，它不是具体的结构设计或是色彩设计，而是由视觉设计及网站内容综合为一体的思维形象。例如图 4-16 所示的广西民族博物馆的网站。首页大量留白和淡淡的灰色突出民族博物馆的庄重与典雅，使视线集中在建筑物与人物上，并给浏览者留下深刻印象。

图 4-16　广西民族博物馆网站

文化是一个非常大的概念，它对我们的生活观、人生观等多种认知的影响相当大。每种不同的思想、思维方式或认知形成了小的文化特征，这种特征反映在不同事物上起到不同的作用。如图 4-17 所示为特步品牌的网站，它完全可以采用传统的设计方式，把该品牌的服饰放在页面即可，然而那样做无法突出其品牌特有的文化内涵，设计师选用街头篮球的场景去渲染气氛，想必创意来源是和品牌文化分不开的。

如图 4-18 所示为一家跟摄影有关的网站。网站小巧、简洁，没有多余的装饰，很直接地突出主题。网站使用黑色作为作品的背景色，能够更好地展示摄影作品。黑色清晰地反衬出摄影作品的轮廓，而橘黄色的标志也与黑色形成反差，更加醒目。

图 4-17　特步品牌网站

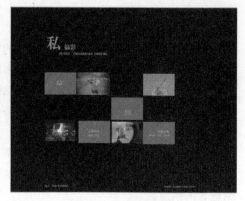

图 4-18　私摄影网站

4.3　商　务　类

　　一个好的网站设计到底能给网络商务带来多少价值呢？就像在谈论 VIS（视觉识别系统）会给企业带来什么一样。好的网站设计虽然无法直接为企业创造经济效益，但可以给企业网站带来增值，帮助企业树立良好的形象。特别针对全球贸易的企业，网站设计的好坏往往会直接影响客户对企业评价的高低。如果说以上其他类别的网站需要精心制作的话，那么商务类网站更是要多一份思量、多一分用心。

4.3.1　电子商务网站

　　我们知道，电子商务就是指整个事物活动和贸易活动的电子化。它通过先进的信息网络将事物活动和贸易活动中发生关系的各方有机地联系起来，极大地方便了各种事物活动和贸易活动。它的形势多变，操作方式也不相同。电子商务类网站重视效率，页面大气，整洁干净，图文清晰。色彩方面可选择稳重、明快的配色方案，并根据不同的商品类别和消费者定位来选取主体色。

　　如图 4-19 所示为凡客诚品网站。凡客诚品是国内比较知名的大型电子商务网站之一，在网站的整体设计中，导航以上的部分应保持不变，保证访问者不论处于网站的哪个信息层级里，都可以快速跳跃到其他栏目。由于所售商品的分类众多，所以页面集中一个区域来体现不同商品的分类链接导航。电子商务网站的搜索功能非常重要，搜索功能区应尽量在页面上部或者一屏可以显示出来的位置（尽量避免需要拖曳滚动条才找得到），这样可以增强易用性。例如凡客诚品网站的搜索功能区就在页面的正上方，非常醒目。

提示　　网站首页第一屏幕空间有限，若想放置更多的信息，可以使用滚动信息的方式。利用滚动信息区，可以放置 5 倍、10 倍及更多的信息内容。

　　电子商务网站中经营产品的图片应认真拍摄，清晰、质量良好的图片可以增强消费者对产品的信任感，引发购买欲望。

　　凡客诚品的整个网站没有一处偷工减料，矢量的插图精美，色彩饱满，图片质量高。即使对不需要购买产品的人来说，也愿意欣赏一番，给人们留下深刻印象。

图 4-19 凡客诚品网站

这类网站的色彩可以使用白色为主色调，再加些活跃的主色调点缀，选择好的辅助色也会给人留下深刻的印象。凡客诚品就是以白色为主色调，以红色为辅助色。小面积的使用红色，使得整个网站活泼起来。

网上商城中，商品是网站最核心的部分；商品的价格是访问者最关心的部分；金流系统、物流方式是电子商务的基础，也是最重要的部分；产品图片、产品相关信息是主要信息组成部分。除此以外，其他信息还包括网站持有方信息、网站使用的 FAQ 问答、金流系统和物流方式的说明等。每部分信息内容都是为了提高消费者对网站的信任感，引发消费者对商品的购买欲。

电子商务网站的访问着分为两种：一种是在网站上消费过的客户群体；另一种是没有消费过的浏览者。通过网站把浏览者变为消费者是电子商务网站的一个永恒的课题。物美价廉的商品、便捷的服务流程、良好的信用是电子商务生存和发展的基础，但面对没有消费过的浏览者，网站 FAQ 信息、老客户的消费信息和商品的详细说明等信息更为重要。针对不同年龄层次、喜好的消费者群体，信息的编写要有所不同。版式上采用图文表格形式为佳，易读易懂。

与文化类网站优雅的气氛不同，电子商务网站的气氛是急躁的，消费者多数没有闲散的情趣来一页一页查找信息，慢悠悠地欣赏网页。他们通常是急于购买这种商品才登录网站的，商品的信息绝对不能藏得过深，二级或三级就可以了，超过三级页面，浏览者就有可能失去耐心。

如图 4-20 所示为关于鞋子销售的 Grenson 网站，该站是很强大的网格布局网站设计的典范。简短的文字信息和较小的图片信息出现在二级页面的列表中，当鼠标划过产品图片的时候，会自动出现放大了的产品大图及详细介绍，并有鼠标跟随效果，设计得干净利落，不拖泥带水。

图 4-20　Grenson 网站

电子商务网站和传统商场没有区别，浏览者就是进入"商城"的消费顾客，搞清楚对他们来说什么是最可靠、最重要的，就是最好的。有需要的话，可备出四级页面放置最为详细的信息或补充说明，让消费者根据自己的需要点击查看。

不论产品缩略图出现在第几层页面，都应该清晰，色泽饱满，这很重要。

如图 4-21 所示为 Sanctuary T Shop 网站，该站登录页对卖家和用户很有帮助。畅销的茶和漂亮的商品列表以幻灯片形式展示在下面的 KV 里，新产品也被以大图形式用在 KV 里。这是运用了直角边缘和合理留白处理的一个网站。

图 4-21　Sanctuary T Shop 网站

如图 4-22 所示为 Paul Smith 网站，这是一个高雅的网站，突出了高品质品牌。顶部的简洁导航相当具有吸引力，特别是 Logo 和被赋予各种颜色的条纹。有一个底部导航，第一眼看上去相当直观（以此来替换传统的下拉菜单）。每一个产品页都有相当高质的产品图片，这不是每一个电子商务网站都拥有的。

图 4-22　Paul Smith 网站

如图 4-23 所示的 Heartbreaker 网站，她的灵感来自于五六十年代女性文化潮流。网站的设计很漂亮，使用柔和的纹理勾勒出合理的轮廓，并配合站内不同元素间的微妙组合，充分使用了虚线作为点缀，告诉设计师围绕产品和分类范畴应该如何结合复古主题。可以注意到在网站底部还有能捕捉视觉的信用卡图标等类似的设计。

图 4-23　Heartbreaker 网站

4.3.2 企业网站

国际互联网域名登记管理机构每天注册域名 15 000 个以上，其中 97%是为企业而注册的。Internet 具有如此多的无可比拟的特点，大多数发达国家的企业都已经把通过 Internet 来寻找生意伙伴、销售产品和与客户联系作为企业最主要、最常用的手段。

企业可通过自己的站点向世界介绍自己，发布自己的各种信息，宣传自己的产品和贸易，加强与客户的联系，等等。过去没有意识到网络销售重要性的企业也逐渐意识到 Internet 的重要性而加入进来，许多较早建立自己网站的企业已经得到了较好的回报。

企业网站的设计没有固定的模式。网站在诉求风格上有理性诉求、感性诉求和综合型 3 种，一般来说，理性诉求强调理论及逻辑性，以事实为基础，以介绍性文字为主，即是以产品介绍为主的网站；感性诉求则强调直觉，以价值为基础，以形象塑造为主，即是以树立形象为主的网站；综合型就是两者兼顾的情况，甚至需要建立沟通的大型信息平台。

宝马公司的网站设计已把企业文化、企业理念传递给浏览者，并在内容、插图和风格设计上做得十分出色。宝马公司网站的结构庞大，针对不同国家有不同语言、不同产品的介绍。但页面设计井井有条，丝毫不显混乱。想做到这点，事先要做好严谨、周到的规划。

如图 4-24 所示为宝马公司网站，全球主页的风格十分大气，没有过多的装饰，只有清晰的功能。通过主题、地区来选择相应的子站点。图 4-25、图 4-26、图 4-27 所示的宝马公司网站的区域性页面有着统一的蓝白灰色调、统一的构图和页面元素，风格与主站点风格保持一致。网站设计没有刻意追求细致，而是通过清晰的插图、简洁的结构来烘托大气和智慧，是典型的理智型企业信息网站。很多企业不仅仅需要树立良好的企业形象，还需要建立自己的

图 4-24　宝马公司网站 1

图 4-25　宝马公司网站 2

图 4-26　宝马公司网站 3

图 4-27　宝马公司网站 4

信息平台。比较有实力以及对网络传播比较重视的企业逐渐把网站做成一种以其产品为主的交流平台。一方面，网站的信息存储量大，信息流量大，结构设计要大气简洁，保证速度和节奏感；另一方面，它不同于纯信息型网站，从内容到形象都应该围绕公司的一切，既要大气又要有特色。

　　如图 4-28 所示，苹果公司网站英文版的首页传承了产品设计的真谛。白色底不显凌乱，图文搭配避免了画面的呆板。细节往往决定成败，苹果公司在网站细节上做得很成功。圆角的设计也是苹果产品的特点，使页面形成了与产品的统一风格，如图 4-29 所示。阴影的应用，可以体现出画面的层次感和空间感，如图 4-30 所示。感觉模块内容从画面中浮起，使格局规整，如图 4-31 所示。

图 4-28　苹果公司网站 1

图 4-29　苹果公司网站 2

图 4-30　苹果公司网站 3

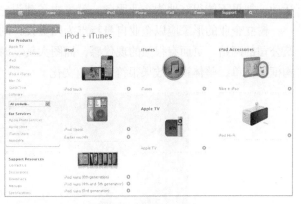

图 4-31　苹果公司网站 4

　　设计企业网站时，寻找适合企业特质的插图尤为重要。要有一定的光亮感来给人美好的心理感受，其具有的信息含义应与传播的理念相符。如图 4-32 所示，这家 Metsdelacreme 餐厅的页面是以实物为元素的场景设计。以实拍的蛋糕为引导颜色，浅黄灰的渐变和画面素雅、和谐地融合在一起。加载后进入主场景，还是以实物为画面来展示元素，它是一个桌面的俯视照片，用充满诱惑的食品来增加人的食欲。如图 4-33 和图 4-34 所示。

图 4-32　Metsdelacreme 餐厅网站 1

图 4-33　Metsdelacreme 餐厅网站 2

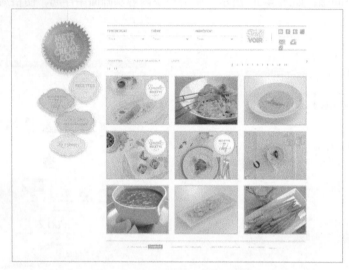

图 4-34　Metsdelacreme 餐厅网站 3

　　企业网站通常会选择明亮的色彩，如蓝色、白色等，使网站看起来大气，提高企业的可信度。然而，千篇一律的设计只会让网站落入俗套，陷入平庸。网站是为了企业目的而进行的视觉创作活动，如果不能很好地为企业服务，就失去了建设它的意义。

　　树立企业的形象应以企业自身特点为网页设计的切入点，用色亦然。如图 4-35 所示是一家建筑公司的网站。页面有很强的现代感，插图大气、时尚；动画简单、大方。网站的信息量小，结构框架简单，整体视觉效果很符合企业文化。

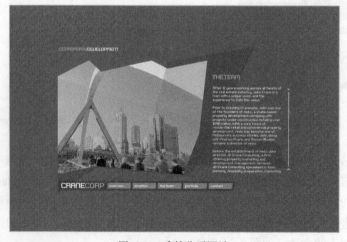

图 4-35　建筑公司网站

4.4 个 人 类

　　个人主页是互联网中色彩最为绚丽的风景。它可以充分展示个性的空间，把自己介绍给世界，证明自己存在的道理。个人主页是丰富多彩的，没有其他类型网站的诸多限制和要求。客户是自己，设计师是自己，在广告主与广告人立场一致的情况下，完全依照自我的意志进行设计。个人主页并不要求"大气"而是"个性"，失去了个性的个人主页很难吸引同好的朋友。当然也不乏很多人做个人主页是为了自己开心，至于网站如何发展并不苛求。

　　个人网站无法按照信息分类，很多个人也做如游戏门户、音乐下载等颇有一定规模的信息类型的网站。这种类型的站点必须要抛开个人情感，依据具体内容而设计。

　　在网络上，拥有个人主页的人越来越多。有的只是放上一张照片和个人说明；有的写上几篇散文，做个快乐的心情小站；有的则是为了和拥有共同爱好的朋友交流。在创作这类网站时有两个要点：第一，网站建设的初衷决定了网页设计的方向；第二，网站内容可能五花八门，信息结构决定网站结构及风格创新。

　　作品展示类的个人主页中，作品栏目是相当重要的主要栏目了，作品大多数是以图片为主的信息形式。页面格局应简洁，有利于阅读作品图片和作品说明；静态色彩应尽量淡雅，不要影响动态色彩（作品中的色彩）的欣赏性。页面主导色彩应为动态色彩，协调两者之间的关系尤为重要。在作品众多时，页面相互翻转，查阅就相当不便，若不能很好地规划信息层级，也会使网站设计大打折扣，影响浏览者阅读作品时的实际感受。

　　在如图 4-36～图 4-39 所示的这个时尚摄影师 BruceWeber 个人网站中，采用了缩略图指引和文字指引的方式，易用性设计处理得比较好。

图 4-36　时尚摄影师 BruceWeber 网站 1

图 4-37　时尚摄影师 BruceWeber 网站 2

图 4-38　时尚摄影师 BruceWeber 网站 3

图 4-39　时尚摄影师 BruceWeber 网站 4

　　个人主页的图形图像常常因为网站主人不同时期的喜好而频繁更换，以至于网站插图的风格决定着网站风格。随着数码相机的普及，很多个人主页的插图是用创作者拍摄的照片制作而成的，如图 4-40～图 4-42 所示的韩国设计师的个人网站就是一个与众不同的设计。

图 4-40　韩国设计师网站 1

图 4-41　韩国设计师网站 2

图 4-42　韩国设计师网站 3

　　千姿百态、风格各异的个人主页设计是商业网站所不能比拟的。网站制作技术没有限制，创作范围没有限制，这也是个人主页风格独特的原因之一。在鉴赏这些有趣的作品的同时，尝试判断其中一些好的创意是否可以运用到商业创作之中，对商业设计是很有帮助的。

　　越来越多的人通过网络宣传自己，而拥有一个自己的简历主页已经十分常见了。简单的简历网站可能只有一篇介绍文字，加上一张照片，这样的情况并不代表页面不需要设计。实际上，即使是单页形式的网站也可以做到很有气氛。展示有大量内容的简历站点，如图 4-43～图 4-66 所示就是比较优秀的简历式个人网站，可以参考学习。

　　如图 4-47 所示为一个个人情感型网站。对于情感型的个人网站，风格设计中常常带有很强的自我意识和个人喜好，把个人魅力宣泄得淋漓尽致。设计仅仅是外在的形式，是思想通过图形图像表达出来的方式，是没有灵魂的空壳设计，是无法让阅读的人感受到真诚和真实的。有思想的设计是构成富有感染力的作品的唯一要素。

图 4-43　个人简历网站 1

图 4-44　个人简历网站 2

图 4-45　个人简历网站 3

图 4-46　个人简历网站 4

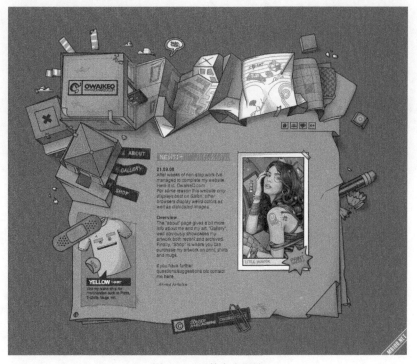

图 4-47　国外个人网站

提示 　　很多制作个人主页的人不是学美术出身或是根本不懂平面设计。这种情况下不要花太多的心思在插图上，应尽量避开自己的弱项。把网站内容编辑好，通过简洁的页面展示出来，定会吸引同好的朋友。

习　　题

思考题

1. 门户类网站有哪些特点？设计时有哪些注意事项？
2. 企业网站的诉求风格有哪几种？

第二篇
技术篇

第5章
HTML 概述

网页文件是用一种被称为 HTML 的标记语言书写的文本文件,它可以在浏览器中按照设计者所设计的方式显示内容,网页文件也经常被称为 HTML 文件,HTML 文件以.html 或.htm 作为扩展名。

HTML(Hypertext Markup Language)叫做超文本标记语言。它不是一种编程语言,而是一种描述性的标记语言,用于描述超文本中内容的显示方式。例如,如何在网页中定义一个标题、一段文本或者一个表格等,这些都是利用一个个 HTML 标记完成的。

5.1 编辑与运行环境

HTML 是一个纯文本文件,用户可以采用任何一个文本编辑器进行网页的编写,通过浏览器来解释执行。通常,采用的文本编辑器是 Windows 自带的记事本。当然,也可以利用目前比较流行的可视化软件,如使用 Adobe 公司的 Dreamweaver 来制作网页,它会根据用户的可视化操作自动生成 HTML 代码,同时也可以直接在软件的代码视图中直接编写代码,更方便,易于编写。

HTML 文件是运行在 Web 浏览器上的,在运行该文件时,只需在地址栏中输入文件地址即可。

用浏览器打开任意一个网页,然后选择浏览器菜单中的"查看→源文件"命令,这时会自动打开记事本程序,里面显示的就是这个网页的 HTML 源文件,如图 5-1 所示。

图 5-1 网页的 HTML 源文件

5.2　基本语法及文件结构

5.2.1　基本语法

一个 HTML 文件是由一系列的元素和标签组成的。元素是 HTML 文件的重要组成部分，指逻辑上统一的对象。例如，网页标题、网页主体等。标签用来分割和描述这些元素。标签分为单独标签和成对标签。其语法格式如下：

```
<单标签/>
```

```
<首标签>要控制的元素</尾标签>
```

例如：单独标签
；成对标签<title></title>。大多数标签为成对标签，由首标签和尾标签组成。

每个 HTML 标签还可以设置一些相关元素的属性，控制 HTML 标签所建立的元素。这些属性将放置于所建立元素的首标签，尾标签不变。其语法格式如下：

```
<首标签　属性 1="值 1"　属性 2="值 2"……>
    要控制的元素
</尾标签>
```

5.2.2　文件结构

任何 HTML 文件都包含的基本标签包括<html>、<head>、<title>、<body>这 4 个，下面依次介绍它们的作用。

1．<html>标签

<html>和</html>是网页的第一个和最后一个标签，网页的其他所有内容都位于这两个标签之间。这两个标签告诉浏览器或其他阅读该页的程序此文件是一个网页。

虽然<html>和</html>都可以省略，因为.htm 或.html 扩展名已经告诉浏览器该文档为 HTML 文档，但是为了保持完整的网页结构，建议书写该标签。另外，<html>标签通常不包含任何属性。

2．<head>标签

<head>和</head>标签称为首部标签或头标签，一般放在<html>标签里，其作用是放置关于此HTML 文件的信息。例如，可以在其中设置网页的标题，定义样式表，插入脚本等。

3．<title>标签

<title>和</title>标签称为标题标签，包含在<head>标签内，它的作用是设定网页标题，可以看见在浏览器左上方的标题栏中显示这个标题，此外，在 Windows 任务栏中显示的也是这个标题，它告诉浏览者当前访问的页面是关于什么内容的。网页标题可被浏览器用作书签和收藏清单。设置网页标题时必须采用有意义的内容，如"新浪首页"，而不能用一个泛泛的内容作为标题，如"首页"。

4．<body>标签

<body>和</body>标签称为主体标签或正文标签，网页所要显示的内容都放在这个标签内，包括文字、图像、超链接以及其他各种 HTML 对象。如果没有其他标签修饰，<body>标签中的文

字将以无格式的形式显示。

HTML 文件的基本结构如下：

```
<html>
  <head>
    <title>网页标题</title>
  </head>
  <body>
    网页正文
  </body>
</html>
```

5.2.3　书写注意事项

在编写文件时，需要注意以下事项。

（1）所有的标记都必须要有一个相应的结束标记。"<"和">"是所有标记的开始和结束。成对标签要书写完整，如果是单独不成对的标签，在标签最后加一个"/"来关闭它。

（2）所有标签的元素和属性的名字都必须使用小写。

（3）所有的标签都必须合理嵌套。

（4）所有的属性必须用双引号" "括起来。

（5）回车键和空格键在源代码中不起作用。

（6）源代码中以<!__开始，以__>结束的代码为注释代码，便于网页阅读。

5.3　创建第一个 HTML 文件

在制作网页之前，对网页进行适当的页面美化，可以通过为<body>标签设置属性来完成。该标签本身具有许多属性，这里我们列举两项，制作一个简单的实例，其他属性用法一致。

1. 网页文字颜色属性 text

该属性可以改变整个页面默认文字的颜色，在没有对文字进行单独定义颜色时，这个属性对页面中所有的文字将产生作用。基本语法如下：

```
<body text="颜色值">
```

所有颜色表示方式为两种：十六进制值或英文颜色名称。如红色为 red 或者#ff0000。

2. 网页背景颜色属性 bgcolor

该属性用来设置网页的背景颜色。基本语法如下：

```
<body bgcolor="颜色值">
```

应用以上两个属性，我们来创建第一个 HTML 文件。HTML 文件的创建方法非常简单。具体的操作步骤如下。

第一步：选择"开始"，然后依次选择"程序→附件→记事本"命令。

第二步：在打开的记事本窗口中写入如下代码。

```
<html>
  <head>
    <title>第一个 HTML 文件</title>
  </head>
<body text="#ff0000" bgcolor="black">
```

```
    你好，互联网！
  </body>
</html>
```

第三步：编写完成后，保存该文档。选择记事本菜单栏中的"文件→保存"命令，在"文件名"文本框中输入一个文件名，必须是以英文或数字来命名，并以".htm"或者".html"作为文件的扩展名。

第四步：设置完成后，单击"保存"按钮，这时该文本文件就变为了 HTML 文件，在 Windows 中，可以看到它的图标就是网页文件的图标了。

第五步：这时双击该 HTML 文件，就会自动打开浏览器，并显示该文件的内容，看到的效果如图 5-2 所示。

图 5-2　在浏览器中的效果

由于 HTML 文件本质上就是文本文件，因此使用任何文本编辑软件都可以对它进行编辑。Dreamweaver 是最常用的专业网页编辑软件之一，但是在本书的 HTML 部分，我们仍然使用最简单的记事本来编写和编辑 HTML 文档，目的是通过最基本的操作尽可能深入地掌握 HTML 原理。

5.4　HTML 标签和属性的局限性

前面介绍了 HTML 的标签和属性，但 HTML 的样式标签和属性是有很大局限性的。实际上有一些标签现在已经过时了，并不鼓励用户使用，因为更好的、更科学的方法已经出现了。这种更好、更科学的方法就是我们后面要讲的使用 CSS 来控制网页的样式。

在互联网发展的初期，各种规范还远没有像今天这样完善和普及，因此当时为了更容易被大家和软件厂商所接受，网页主要是由 HTML 来完成的，这样写起来更简单。一个网页的两个方面——"结构"和"表现"都由 HTML 来承担，因此 HTML 标签就由两类构成——负责定义网页结构的标签和负责定义网页表现形式的标签。

而现在，设计网页的思路是"结构与表现"分离，这也是 CSS 的核心思想。使用 CSS 以后，HTML 只负责定义网页的结构和内容，而表现形式则由 CSS 来完成。这样做的优点是：一个网页的"结构"和"表现"分离以后，网页就可以保持非常好的结构性，而如果希望修改网页的样式，也仅需要修改 CSS 中的相应设置即可，因此维护、修改、升级都变得非常高效。

对于 HTML 来说，很多用于表现形式的标签都已经规划为"废弃"的标签，因此在后续学习中，对于这一类的标签我们就不再讲解了。

习　　题

一、填空题

1. 一个 HTML 文件是由一系列的_____和_____组成。

2. 在一个 HTML 文件中，用来表示网页标题的标签是_____。

3. 使用_____标签可以在网页中插入图片。

二、操作题

按以下要求完成效果如图 5-3 所示的制作。

（1）将网页标题设置为：我的地盘。

（2）将网页背景颜色设置为：#FFCCFF。

（3）将网页文本颜色设置为：#660066。

（4）将网页以文件名 index.html 保存。

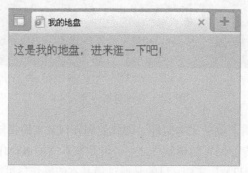

图 5-3　效果图

第6章 网页元素的编辑

6.1 文 本 排 版

在网页中对文字段落进行排版时，并不像文本编辑软件 Word 那样可以定义许多模式来安排文字的位置。在网页中要让一段文字放在特定的地方是通过 HTML 标签来完成的。

6.1.1 段落

<p>称为分段控制标签，成对使用。其作用是将文档划分为段落，文本在一个段落中会自动换行。例如：将文本分为 3 个段落来显示，效果如图 6-1 所示。

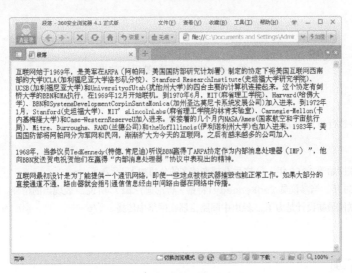

图 6-1　使用段落标签后的效果

```
<html>
  <head>
    <title>段落</title>
  </head>
  <body>
    <p>互联网始于 1969 年，……之后有越来越多的公司加入。</p>
    <p>1968 年，……协议中表现出的精神。</p>
```

```
    <p>互联网最初设计是为了……经由中间路由器在网络中传播。</p>
  </body>
</html>
```

可以看出，通过<p>标签，每个段落都会单独实现，并在段落之间设置了一定的间隔距离，这样显示就更加清晰。

6.1.2 换行

在 HTML 中，一个段落中的文字会一直从左向右依次排列，直到浏览器窗口的右端，然后自动换行显示。而如果希望在某处强制换行，则需要使用换行标签。

称为换行标签，它是一个单标签，作用是令其后面的内容在下一行显示。

例如：将文本第 2 段强制换行显示，效果如图 6-2 所示。

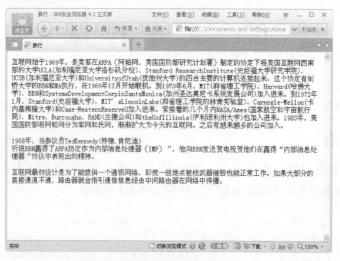

图 6-2 使用换行标签后的效果

```
<html>
  <head>
    <title>换行</title>
  </head>
  <body>
    <p>互联网始于 1969 年，……之后有越来越多的公司加入。</p>
    <p>1968 年，当参议员 TedKennedy(特德·肯尼迪)<br/>听说……表现出的精神。</p>
    <p>互联网最初设计是为了……经由中间路由器在网络中传播。</p>
  </body>
</html>
```

6.1.3 标题

在 HTML 中，文本除了以段落的形式显示，还可以作为标题出现。从结构来说，通常一篇文档最基本的结构就是由若干不同级别的标题和正文组成。

<hn>称为标题标签，它是一个双标签，其作用是设置网页中的标题文字，被设置的文字将以黑体或粗体的方式显示在网页中。<hn>标签一共 6 级，<h1>标签表示 1 级标题，<h2>标签表示 2 级标题，一直到<h6>标签表示 6 级标题。由<h1>到<h6>逐渐变小，标题文字具体的大小会因浏览器的不同而不同。每个标题标签所示的字句将独占一行且上下留一空白行。

例如：设置 1 级和 2 级文字标题，效果如图 6-3 所示。

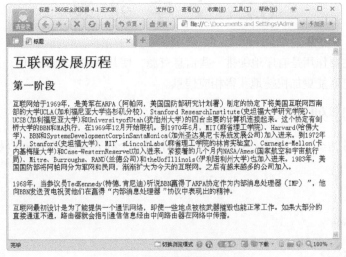

图 6-3　使用标题标签后的效果

```
<html>
  <head>
    <title>标题</title>
  </head>
  <body>
    <h1>互联网发展历程</h1>
    <h2>第一阶段</h2>
    <p>互联网始于 1969 年，……之后有越来越多的公司加入。</p>
    <p>1968 年，……协议中表现出的精神。</p>
    <p>互联网最初设计是为了……经由中间路由器在网络中传播。</p>
  </body>
</html>
```

6.1.4　特殊文字符号

在 HTML 文件中，有时会用到一些特殊字符，例如"©"、"®"、空格，这些在 HTML 文件中都有相应的代码。表 6-1 列出了一些常见的特殊字符代码。

表 6-1　　　　　　　　　　HTML 文件中常见特殊字符及其代码表

特殊或专用字符	数 字 代 码	字 符 代 码
<	&#60;	&lt;
>	&#62;	&gt;
&	&#38;	&amp;
"	&#34;	&quot;
!	&#33;	
©	&#169;	&copy;
:	&#59;	
®	&#174;	&reg;
空格		

6.2 文 字 列 表

文字列表的主要作用是有序地编排一些信息资源，使其结构化和条理化，并以列表的样式显示出来，以便浏览者能更加快捷地获得相应信息。

6.2.1 无序列表

无序列表标签为\<ul\>，它是一个双标签。其中每一个列表项使用\<li\>\</li\>标签，其结构如下所示：

```
<ul>
   <li>第 1 项</li>
   <li>第 2 项</li>
   ……
   <li>第 n 项</li>
</ul>
```

例如：用无序列表的方式列举 HTML 的特点。效果如图 6-4 所示。

```
<html>
   <head>
      <title>无序列表</title>
   </head>
   <body>
      HTML 的特点
      <ul>
         <li>简易性</li>
         <li>可扩展性</li>
         <li>平台无关性</li>
      </ul>
   </body>
</html>
```

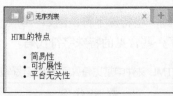

图 6-4 使用无序列表标签后的效果

6.2.2 有序列表

有序列表和无序列表的使用方法基本相同，它使用\<ol\>\</ol\>标签，其中每一个列表项使用\<li\>\</li\>标签。每个项目都有前后顺序之分，多数用数字表示，其结构如下所示：

```
<ol>
   <li>第 1 项</li>
   <li>第 2 项</li>
   ……
```

```
     <li>第 n 项</li>
   </ol>
```

例如：用有序列表的方式列举 HTML 的特点。效果如图 6-5 所示。

```
<html>
  <head>
    <title>有序列表</title>
  </head>
  <body>
    HTML 的特点
    <ol>
      <li>简易性</li>
      <li>可扩展性</li>
      <li>平台无关性</li>
    </ol>
  </body>
</html>
```

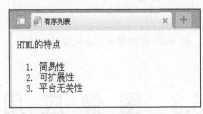

图 6-5　使用有序列表标签后的效果

6.2.3　定义列表

定义列表不仅仅是一列项目，而且是项目及其注释的组合。定义列表以<dl>标签开始，</dl>标签结束。每个定义列表项目使用<dt></dt>标签，每个定义列表项目的注释使用<dd></dd>标签。一个列表项目可以有多个注释，其结构如下所示：

```
<dl>
  <dt>第 1 项项目</dt>
    <dd>第 1 项注释 1</dd>
    <dd>第 1 项注释 2</dd>
    ……
    <dd>第 1 项注释 n</dd>
  ……
  <dt>第 m 项项目</dt>
    <dd>第 m 项注释 1</dd>
    <dd>第 m 项注释 2</dd>
    ……
    <dd>第 m 项注释 n</dd>
</dl>
```

例如：用定义列表的方式显示 HTML 定义与 HTML 特点。效果如图 6-6 所示。

```
<html>
  <head>
    <title>定义列表</title>
  </head>
```

```
<body>
    <dl>
        <dt>HTML 定义</dt>
        <dd>HTML 是一种超文本标记语言。</dd>
        <dt>HTML 特点</dt>
        <dd>简易性</dd>
        <dd>可扩展性</dd>
        <dd>平台无关性</dd>
    </dl>
</body>
</html>
```

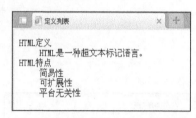

图 6-6　使用定义列表标签后的效果

6.3　图　像　应　用

图片是网页中不可缺少的元素，巧妙地在网页中使用图片可以为网页增色不少。在本书中，我们将事先准备好的图像插入网页中，而在实际的工作中，需要的图像可能并不存在，或者并不适合直接插入网页，因此需要读者掌握一定的图像设计、加工和处理能力。

6.3.1　网页中的图像格式

虽然有很多种计算机图像格式，但由于受到网络带宽和浏览器的限制，在 Web 上常用的图像格式包括以下 3 种：GIF、JPEG（JPG）和 PNG。它们都是标准的位图格式。

1. GIF 格式

GIF 格式只支持 256 色以内的图像，且采用无损压缩存储，在不影响图像质量的情况下，可以生成很小的文件。它支持透明色，可以使图像浮现在背景之上。它还支持动画效果，即 GIF 动画。并且，GIF 格式在浏览器下载完整张图片之前，浏览者就可以看到该图像。由于 GIF 格式的特点，一般网页上由线条构成的、颜色种类比较少的图像通常适合保存为 GIF 格式。

2. JPEG（JPG）格式

JPEG（JPG）格式为静态图像压缩标准格式，它为摄影图片提供了一种标准的有损耗压缩方案。它可以保留大约 1670 万种颜色，因此一般和照片类似的图像通常适合保存为 JPEG（JPG）格式。

3. PNG 格式

PNG 格式是近年来新出现的一种图像格式，它适用于任何类型、任何颜色深度的图片。该格式用无损压缩来减小图片文件的大小，同时保留图片中的透明区域。此外，该格式是仅有的几种支持透明度概念的图片格式之一。

相对而言，PNG 格式比 GIF 和 JPEG（JPG）格式的压缩率要小一些，也就是说，PNG 格式的文件往往要大一些。不过，随着网络带宽的不断加大，该格式将逐步普及，毕竟它具有更强大的表现能力。

6.3.2　路径

一个网页实际上并不是由一个单独的文件构成的，网页显示的图片、背景声音以及其他多媒体文件都是单独存放的。因此要想在网页中插入这些文件，就需要设置"路径"来帮助浏览器找到相应的引用文件（文件必须以英文或数字命名）。

在网页中，路径一般有两种：相对路径和绝对路径。

相对路径是以引用文件的网页所在位置为参考基础而建立的目录路径。也就是从自己的位置出发去说明到达目标文件的路径，共有 3 种情况。

（1）链接到同一目录下的文件：文件名+扩展名。

（2）链接到下一级目录中的文件：目录名/文件名+扩展名。

（3）链接到上一级目录中的文件：../目录名/文件名+扩展名。

绝对路径是以 Web 站点的根目录为参考基础的目录路径，在 WWW 中以 http 开头的链接都是绝对路径。

> 当链接本地机器上的文件时，建议使用相对路径。如果用绝对路径，当把文件移动到另外盘符后，那么链接肯定失败，这样就只能对文件进行重新编辑，会浪费很多时间。

6.3.3　插入图像

向网页中插入图像需要用到的标签是<img>标签，它是一个单标签。其语法格式如下：

<img src="图像文件路径" alt="替换文本">

src 设定图像文件的路径，此属性是必不可少的。alt 设定图像的替代文字，将鼠标悬停于图像上方时，会出现提示性的文字。当浏览器不能显示所指定的图片时，则显示一段说明该图片的文字来代替图片文件。<img>标签的属性有很多，这里只介绍最重要的两个，其他的属性都可以用 CSS 设置来取代，后面的章节中会具体说明。

例如：向网页插入一幅图片（图片文件与 HTML 文件在同一目录下），效果如图 6-7 所示。

```html
<html>
  <head>
    <title>插入图像</title>
  </head>
  <body>
    <img src="dog.jpg" alt="小狗">
  </body>
</html>
```

图 6-7　插入图像效果

6.4 多 媒 体

随着网络带宽的不断加大，在网页中使用多媒体对象已经越来越普遍。在网页中使用多媒体对象通常有两种方式：直接链接和嵌入网页。如果要确保绝大多数浏览者能够使用网页中的多媒体对象，最保险的方式是将多媒体对象对应的文件作为超链接的目标，这样就可以让浏览者将多媒体文件下载后再自行决定如何播放。

有时为了方便用户直接观看多媒体效果，也可以将多媒体对象直接嵌入网页中。例如，Flash动画往往就是直接嵌入网页的，一些在线影院网站也是直接将视频嵌入网页中的。在将多媒体对象嵌入网页的情况下，需要在浏览器中安装相应的插件。所谓插件，是指作为浏览器的一部分而运行的程序，一般由浏览器自动安装。

 一般音频文件多数应用 mp3 格式，视频文件应用 avi 格式，而 flash 文件应用 swf 格式。

使用<embed>标签可以将多媒体文件插入到网页中。当访问者用鼠标单击多媒体对象时，该类多媒体文件所关联的应用软件（例如，Media Player）将被激活，用户就可以欣赏嵌有多媒体文件的网页了。其语法格式如下：

<embed src="多媒体文件路径" loop="播放次数">

src 属性用于指定多媒体文件的路径，该属性是必需的。loop 属性用于设置播放的次数。若设为 true，在无限次循环播放，直到退出该网页或单击播放网页中的停止按钮；若设为 no，则仅播放一次，其默认方式为 no。

例如，向网页中插入 flash 动画，flash 文件与 HTML 文件在同一目录下，其效果如图 6-8所示。

```
<html>
  <head>
    <title>插入多媒体</title>
  </head>
  <body>
    <embed src="fight.swf">
  </body>
</html>
```

图 6-8 插入多媒体效果

习　　题

一、填空题

1. 如果文件中需要换行，则可以使用_____标签。

2. 如果在文件中插入空格，则可以使用_____。

3. 使用_____标签可以在网页中插入图片。

4. 在网页中嵌入多媒体文件是用_____标签。

5. 播放多媒体文件时，loop 属性默认取值为_____。

二、操作题

1. 按以下要求完成效果如图 6-9 所示的制作。

（1）将网页标题设置为：文字列表。

（2）将文字"嵌套列表:"样式设置为：标题 4。

（3）将文字"咖啡、茶、牛奶"3 项样式设置为：有序列表。

（4）将文字"花茶、绿茶"两项嵌套在"茶"项目中，样式设置为：无序列表。

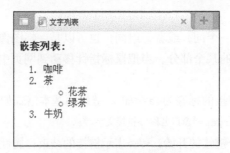

图 6-9　文字列表的效果图

2. 按以下要求完成效果如图 6-10 所示的制作。

（1）为网页设置背景音乐。

（2）背景音乐循环播放 5 次。

（3）在网页中插入图片。

（4）在网页中插入 Flash 动画。

图 6-10　多媒体效果图

第7章 超链接

HTML 文件最重要的特性之一就是超链接，通过网页上所提供的链接功能，用户可以链接到网络上的其他网页。如果网页上没有超链接，就不得不在浏览器地址栏中一遍遍地输入各网页的 URL 地址了，这样也就无法体现互联网的优点。

7.1 超链接的建立

超链接可以是一个字、一个词，或者一组词，也可以是一幅图像，可以单击这些内容来跳转到新的文档或者当前文档中的某个部分。当把鼠标指针移动到网页中的某个链接上时，箭头会变为一只小手。

在 HTML 中，建立超链接的标签为<a></a>。链接的基本格式如下：

```
<a  href="资源地址"  target="窗口名称">链接文字</a>
```

其中，标签<a>表示一个链接的开始，</a>表示链接的结束；属性 href 定义了链接目标，即文件所在位置；属性 target 用于指定在何处打开目标窗口，其默认方式是原窗口（_self），如果想让链接文件在一个新窗口中打开，可以设置 target=_blank。

在所有浏览器中，链接的默认外观是：未被访问的链接带有下划线而且是蓝色的；已被访问的链接带有下划线而且是紫色的；活动链接带有下划线而且是红色的。

例如，设置文字"返回首页"链接到同一目录下的 index.html 文件，并在新窗口中打开，效果如图 7-1 所示。

图 7-1 设置超链接效果

```
<html>
  <head>
    <title>设置超链接</title>
  </head>
  <body>
    <a href="index.html" target="_blank">
    返回首页
    </a>
  </body>
</html>
```

7.2　超链接的应用

7.2.1　页内超链接

超链接不仅可以跳转到其他网页，也可以在本页内跳转。在制作网页的时候，可能会出现网页内容比较长的情况，这样当用户浏览网页的时候就会很不方便。要解决这个问题，可以使用超链接的手段，在网页开头的地方制作一个向导链接，直接链接到特定的目标。其语法格式如下：

`<a href="#目标名称" target="窗口名称">链接文字</a>`

在链接的目标处：`<a name="目标名称">链接目标</a>`

链接的目标处，我们通常称之为书签或锚点。

例如：在同一个页面内设置超链接，效果如图 7-2 所示。

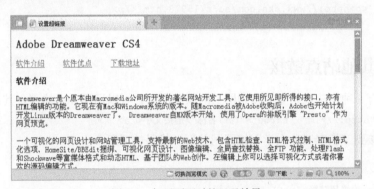

图 7-2　打开页面时的显示效果

例如，单击"软件优点"超链接，会链接到同一个文件页内，出现如图 7-3 所示的页面效果。

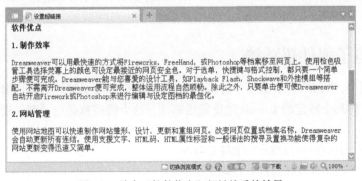

图 7-3　单击"软件优点"超链接后的效果

```html
<html>
  <head>
    <title>设置超链接</title>
  </head>
  <body>
    <h2>Adobe Dreamweaver CS4</h2>
    <a href="#d">软件介绍</a>
```

```
    
<a href="#r">软件优点</a>
    
<a href="#l">下载地址</a>
<h4><a name="d">软件介绍</a></h4>
    <p>Dreamweaver 是个……作为网页预览。</p>
    <p>一个可视化……源码编辑方式。</p>
<h4><a name="r">软件优点</a></h4>
    <h4>1.制作效率</h4>
        <p>Dreamweaver 可以用……图档的最佳化。</p>
    <h4>2.网站管理</h4>
        <p>使用网站地图……变得迅速又简单。</p>
    <h4>3.控制能力</h4>
        <p>Dreamweaver 是唯一……成效报告。</p>
    <h4><a name="l">下载地址</a></h4>
        <p>http://www.skn.com/soft/15978.html</p>
</body>
</html>
```

7.2.2　其他站点链接

超链接还有一种用法就是要链接到网上的某些页面，可以运用 http 协议。其语法格式如下：

`<a href="http://网址" target="窗口名称">链接文字</a>`

例如：链接到"长春工业大学"校园网首页，代码如下所示。

```
<html>
  <head>
    <title>设置超链接</title>
  </head>
  <body>
    <a href="http://www.ccut.edu.cn" target="_blank">长春工业大学</a>
  </body>
</html>
```

7.2.3　电子邮件超链接

在某些网页中，当访问者单击某个链接以后，会自动打开电子邮件的客户端软件，如 Outlook 或 Foxmail 等，向某个特定的 E-mail 地址发送邮件，这个链接就是电子邮件链接。其语法格式如下：

`<a href="mailto:E-mail 地址">链接文字</a>`

例如：用超链接实现发送邮件，代码如下所示。

```
<html>
  <head>
    <title>设置超链接</title>
  </head>
  <body>
    <a href="mailto:lanyue435@163.com">联系我们</a>
  </body>
</html>
```

7.2.4　图像超链接

图像超链接的建立和文字超链接的建立基本类似，都是通过<a></a>标签来实现的。只需要把原来的链接文字换成相应的图片。其语法格式如下：

`<a href="资源地址" target="窗口名称"><img src="图片地址"></a>`

图像超链接要注意一点，为一个图片添加了超链接以后，浏览器会自动给图片加一个粗边框，就像在建立文字超链接时会自动加上下画线一样。如果希望去掉这个边框，只需要在<img>标签中设置属性border= "0"后就可以取消这个边框。

例如：单击图像链接到"百度"网站上，其效果如图 7-4 所示。

图 7-4　图像超链接效果

```html
<html>
  <head>
    <title>设置超链接</title>
  </head>
  <body>
    <a href="http://www.baidu.com">
      <img src="dog.jpg">
    </a>
  </body>
</html>
```

7.2.5　热点超链接

图片的超链接还有一种方式，就是图片的热点链接。所谓热点链接就是将一个图片划分出若干个链接区域，单击不同的区域会链接到不同的目标页面。

HTML 中可以使用 3 种类型的热点链接区域：矩形、圆形和多边形。其语法格式如下：

```html
<img src="图片地址"usemap="#区域名称">
<map name="区域名称">
  <area shape="区域形状" coords="位置坐标" href="链接目标">
</map>
```

<map>标签只有一个属性，即 name 属性，作用就是为区域命名，其设置的值为英文或数字。

<img>标签除了起到插入图片的作用外，还需要引用区域名字，因此应用 usemap 属性，其设置的值为<map>标签中 name 属性的值再加上"#"。

<area>标签表示划分区域并设置链接。其中 shape 属性设置划分区域的形状，其设置值有 3 个，分别是 rect（矩形）、circle（圆形）和 poly（多边形）。coords 属性设置控制区域的划分坐标。当 shape 设置为矩形时，coords 的值为矩形左、上、右、下四边的坐标；当 shape 设置为圆形时，coords 的值为圆心坐标和半径；当 shape 设置为多边形时，coords 的值分别为各点的坐标。href 属性设置超链接的目标。

习　　题

一、填空题

1. HTML 的超链接是通过标签_____和_____来实现的。

2. 在 HTML 中，超链接标签的格式为<a_____="链接位置">超链接项目</a>。

3. 链接到其他网站上网页的超链接可以运用_____协议。

二、操作题

按以下要求完成效果如图 7-5 所示的制作。

（1）将文字"百度（www.baidu.com）"设置链接：www.baidu.com。

（2）将百度图标设置链接：www.baidu.com。

（3）将文字"给我写信"设置邮件超链接，链接地址为 cie@163.com。

图 7-5　效果图

第 8 章
表格与框架

8.1 表　格

8.1.1　建立表格

使用表格可以清晰地显示数据，在 HTML 中建立表格主要用到 4 个标签，分别是\<table\>、\<tr\>、\<th\>、\<td\>。这 4 个标签都是成对标签。

（1）\<table\>标签为表格标签，用来定义一个表格。

（2）\<tr\>标签为行标签，用来定义表格的一行。

（3）\<th\>标签为表头标签，用来定义表格内的表头单元格，在表头单元格内的文字将以粗体方式显示，当然表格不一定都有表头，设计者根据需要自己设置。

（4）\<td\>标签为单元格标签，用来定义表格的单元格。单元格可以包含文本、图片、列表、段落、表单、表格等。

用以上 4 个标签就可以定义一个表格，其语法格式如下：

```
<table>
  <tr>
    <td>（<th>）第 1 行第 1 列单元格内容</td>（</th>）
    <td>（<th>）第 1 行第 2 列单元格内容</td>（</th>）
     ……
    <td>（<th>）第 1 行第 n 列单元格内容</td>（</th>）
  </tr>
  <tr>
    <td>第 2 行第 1 列单元格内容</td>
    <td>第 2 行第 2 列单元格内容</td>
     ……
    <td>第 2 行第 n 列单元格内容</td>
  </tr>
   ……
  <tr>
    <td>第 m 行第 1 列单元格内容</td>
    <td>第 m 行第 2 列单元格内容</td>
     ……
```

```
      <td>第 m 行第 n 列单元格内容</td>
    </tr>
</table>
```

例如：建立一个 3 行 3 列的表格，效果如图 8-1 所示。

```
<html>
  <head>
    <title>表格</title>
  </head>
  <body>
    <table border="1">
      <tr>
        <th>姓名</th>
        <th>性别</th>
        <th>年龄</th>
      </tr>
      <tr>
        <td>郭林</td>
        <td>男</td>
        <td>19</td>
      </tr>
      <tr>
        <td>王倩</td>
        <td> </td>
        <td></td>
      </tr>
    </table>
  </body>
</html>
```

图 8-1　建立表格

上述例子中，在<table>标签中设置了 border 属性。这是因为表格在默认的状态下是不显示边框的，但大多数情况下我们希望显示边框，所以应用边框属性来显示一个带有边框的表格。

在上面的例子中，我们还看到有两个单元格内没有内容，但是两个空单元格的显示形式不一样，一个有边框，而另外一个没有边框。在大多数浏览器中，没有内容的单元格显示得不太好，空单元格的边框一般不被显示。为了避免这种情况，在空单元格中添加一个空格占位符，就可以将边框显示出来。

8.1.2　合并单元格

并非所有的表格都是规规矩矩地只有几行几列，有时候还会希望能够"合并单元格"，以符合某种内容上的需要。在 HTML 中合并的方式有两种：一种是跨行合并；一种是跨列合并。

1. 跨行合并

```
<td rowspan="数值">单元格内容</td>
<th rowspan="数值">单元格内容</th>
```

2. 跨列合并

```
<td colspan="数值">单元格内容</td>
<th colspan="数值">单元格内容</th>
```

rowspan 和 colspan 属性的参数值是数字，表示该单元格所跨的行数和列数。

例如：设置跨行跨列合并的单元格，效果如图 8-2 所示。

```
<html>
  <head>
    <title>表格</title>
  </head>
  <body>
    <table border="1">
      <tr>
        <th colspan="3">学生基本信息</th>
        <th colspan="2">成绩</th>
      </tr>
      <tr>
        <th>姓名</th>
        <th>性别</th>
        <th>专业</th>
        <th>课程名</th>
        <th>成绩</th>
      </tr>
      <tr>
        <td>郭林</td>
        <td>男</td>
        <td rowspan="2">计算机应用技术</td>
        <td rowspan="2">Java 程序设计</td>
        <td>89</td>
      </tr>
      <tr>
        <td>王倩</td>
        <td>女</td>
        <td>77</td>
      </tr>
    </table>
  </body>
</html>
```

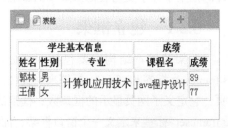

图 8-2　跨行跨列表格

8.2　框　架

　　框架在网页设计中可以将一个浏览器窗口分成多个独立的小窗口，而且在每个小窗口中，可以分别显示不同的网页，并且每个小窗口是可以相互沟通的，达到在浏览器中同时浏览不同网页的效果。

　　通常使用框架是想让用户浏览网点时，窗口上的部分内容一直保持不变，即一个框架中的内容保持不变，而另一个框架中的内容在变化。这样，网页就做成了一个窗口显示的是目录，另一个窗口显示的是所选取的项目内容，目录不变，项目之间的切换就会快得多了，给浏览者带来方便，也节省了时间。

　　使用框架可以非常方便地完成导航工作，而且各个框架之间不存在干扰问题，所以框架技术一直被普遍应用于页面导航。

　　同时，框架网页还可以免除浏览者来回滚动窗口。如果网页中的内容部分很长，浏览者拖动滚动条到了页面底部后切换到别的页面，可以不必再拖动滚动条返回页面顶部，因为导航条在另外的框架中并不受内容框架滚动的影响。

8.2.1 建立框架

框架的基本结构主要包括两部分：一部分是框架集，另一部分是框架，它主要是利用 <frameset>标签和<frame>标签来定义的。框架集是在一个文档内定义一组框架结构的 HTML 网页，它定义了网页显示的框架数、框架的大小、载入框架的网页源和其他可以定义的属性等，用 <frameset>标签来定义一个窗口框架；而框架则是指在网页上定义的一个显示区域，用<frame>标签来定义窗口框架中的子窗口的内容。

实际上，窗口框架文档的书写格式与一般的 HTML 文件的书写格式相同，只是在使用了框架集的页面中，页面的<body>标记被<frameset>标记所取代，然后通过<frame>标记取代，再通过 <frame>标记定义每一个框架。语法结构如下：

```html
<html>
    <head>
      <title>网页标题</title>
    </head>
    <frameset>
        <frame src="文件路径">
        <frame src="文件路径">
        ……
    </frameset>
</html>
```

<frame>标签中的 src 属性指定了一个 HTML 文件，这个文件必须是事先做好的，通过 src 属性，这个文件将载入相应的框架窗口。

8.2.2 框架分割

框架的分割方式主要有 3 种：水平分割、垂直分割和嵌套分割。

1．水平分割

水平分割窗口采用 rows 属性，即在水平方向上将浏览器分割成多个窗口。语法结构如下：

```html
<frameset rows="value1,value2, ……,*">
    <frame src="文件路径">
    <frame src="文件路径">
    ……
</frameset>
```

其中，value1 表示第 1 个 frame 窗口的宽度，value2 表示第 2 个 frame 窗口的宽度，以像素或百分比为单位，以此类推；"*"表示分配给前面所有窗口后剩下的宽度。

例如，将网页水平分割为 3 个部分，其效果如图 8-3 所示。

```html
<html>
    <head>
      <title>框架</title>
    </head>
    <frameset rows="20%,30%,*">
        <frame>
        <frame>
        <frame>
    </frameset>
</html>
```

图 8-3 水平分割网页

如果将网页等分成几个部分，可以都用*来表示。例如，<frameset rows="*,*,*">表示将网页水平等分为 3 个部分。

2. 垂直分割

垂直分割窗口采用 cols 属性，即在垂直方向上将浏览器分割成多个窗口。语法结构如下：

```
<frameset cols="value1,value2, ……,*">
    <frame src="文件路径">
    <frame src="文件路径">
    ……
</frameset>
```

例如：将网页垂直等分为 4 个部分，其效果如图 8-4 所示。

```
<html>
    <head>
        <title>框架</title>
    </head>
    <frameset cols="*,*,*,*">
        <frame>
        <frame>
        <frame>
        <frame>
    </frameset>
</html>
```

图 8-4 垂直等分网页

3. 嵌套分割

一个浏览器窗口可以既水平分割又垂直分割，这种窗口就是嵌套分割窗口。rows 属性和 cols 属性混合起来使用实现框架的嵌套。语法格式如下：

```
<frameset cols="value1,value2, ……,*">
    <frame src="文件路径">
        <frameset rows="value1,value2, ……,*">
        <frame src="文件路径">
            <frame src="文件路径">
            ……
    </frameset>
    <frame src="文件路径">
    ……
</frameset>
```

或者：

```
<frameset rows ="value1,value2, ……,*">
    <frame src="文件路径">
    <frameset cols ="value1,value2, ……,*">
        <frame src="文件路径">
        <frame src="文件路径">
        ……
    </frameset>
    <frame src="文件路径">
    ……
</frameset>
```

例如，将一个网页分割成 T 字型，效果如图 8-5 所示。

```
<html>
  <head>
    <title>框架</title>
  </head>
  <frameset  cols="30%,*">
    <frame>
    <frameset rows="40%,*">
     <frame>
     <frame>
    </frameset>
  </frameset>
</html>
```

图 8-5　嵌套分割网页

8.2.3 框架与超链接

使用框架的一个重要目的就是在不同的框架中显示不同的页面。在<frame>标签中使用 name 属性定义了窗口的名称,而在<a>标签中采用 target 属性可以指定所链接的文件出现在哪个窗口。其语法格式如下:

```
<frame name="框架窗口名称">
<a href="链接地址" target="框架窗口名称">
```

例如,制作一个小型的左右框架结构的网站,效果如图 8-6 所示。

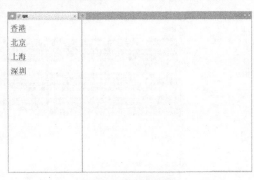

图 8-6 框架超链接

框架结构页:

```
<html>
  <head>
    <title>框架</title>
  </head>
  <frameset cols="30%,*">
    <frame src="left.html">
    <frame name="right">
  </frameset>
</html>
```

left.html 页:

```
<html>
  <head>
    <title>框架</title>
  </head>
  <body>
    <h1><a href="right1.html" target="right">香港</a></h1>
    <h1><a href="right1.html" target="right">北京</a></h1>
    <h1><a href="right1.html" target="right">上海</a></h1>
    <h1><a href="right1.html" target="right">深圳</a></h1>
  </body>
</html>
```

right1.html 页:

```
<html>
  <head>
    <title>香港</title>
  </head>
```

```
<body>
  <h2>香港</h2>
  <p>香港自……成为英殖民地。</p>
  <p>1982 年……高度自治"。</p>
  <p>第二次……国际大都会。</p>
</body>
</html>
```

right2.html～right4.html 的程序代码与 right1.html 的程序代码类似，这里不再一一详述。单击左边框中的"香港"后，效果如图 8-7 所示。

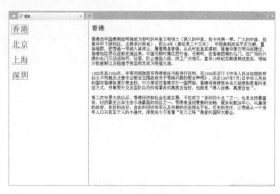

图 8-7　框架超链接

8.2.4　浮动框架

浮动框架是一种特殊的框架页面，浮动框架窗口就是在浏览器窗口中嵌套子窗口，它可以自由控制窗口大小，可以随意地在网页中的任何位置插入窗口，在其中显示页面内容。在 HTML 中通过<iframe>标签实现。语法格式如下：

```
<iframe>……</iframe>
```

浮动框架中不能用<iframe>标签取代<body>标签，<iframe>标签位于<body>标签之内。

例如，在网页中应用浮动框架将"百度"网站载入页面。效果如图 8-8 所示。

图 8-8　浮动框架效果

```
<html>
  <head>
    <title>浮动框架</title>
  </head>
  <body>
    <iframe src="http://www.baidu.com"></iframe>
  </body>
</html>
```

习　　题

一、填空题

1. 在 HTML 中，表格的建立将运用＿＿＿＿、＿＿＿＿、＿＿＿＿和＿＿＿＿4 个标签。

2. 在 HTML 中，跨行合并单元格的属性为＿＿＿＿＿＿，跨列合并单元格的属性为＿＿＿＿＿＿。

3. 在使用框架集的页面中，<body>标签被＿＿＿＿＿＿标签取代。

4. 框架中设置水平分割窗口的属性是＿＿＿＿＿＿。

5. 产生浮动框架的标签是＿＿＿＿＿＿。

二、操作题

1. 按以下要求完成效果如图 8-9 所示的制作。

（1）将网页标题设置为：联系表。

（2）将表格设置为：3 行 5 列。

（3）将第 3 行第 3 个单元格设置成空单元格。

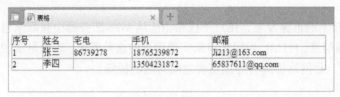

图 8-9　效果图

2. 按以下要求完成效果如图 8-10 所示的制作。

（1）窗口水平方向上分割成两部分，分别占 20% 和 80%。

（2）下部分框架在垂直方向分割成两部分，分别占 30% 和 70%。

（3）在 top.html 中插入图片。将 top.html 放置到上部分框架中。

（4）在 left.html 中插入歌曲名称，设置为：无序列表。将 left.html 放置到下部分左侧框架中。

（5）在 right.html 中插入歌词，歌曲名设置为：标题 4；歌词。

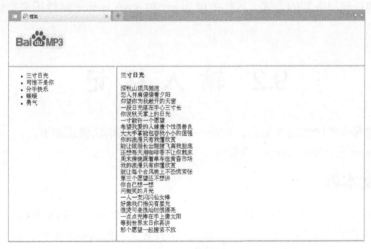

图 8-10　效果图

第9章 表单

随着 Internet 技术的迅速发展，用户不仅希望能从 Web 服务器中获取信息，而且还希望能够向 Web 服务器反馈信息，HTML 采用表单来实现用户的这种需求。表单是实现交互动态网页的一种主要的外在形式，是网站管理者与浏览者之间沟通的桥梁。

9.1 建立表单

表单是网页上的一个特定区域，建立表单的标签是<form>和</form>。其语法格式如下：

```
<form  name="表单名称"  method="传送方式"  action="表单处理程序地址">
……
</form>
```

<form>标签有 3 个属性，其中 name 属性用来定义表单的名称；method 属性用来定义表单结果从浏览器传送到服务器的方式，属性的值为 get 和 post；action 属性用来指定表单处理程序的位置。

9.2 输入标记

<input>标签是表单中的输入标记，它是一个单标签。其语法格式如下：

```
<input  name="标记名称"  type="类型">
```

9.2.1 文本框

当 type 的类型为 text 时，显示的就是文本输入框。其属性值还包括 value、size 和 maxlength。其中，value 用来设置文本框中的初始值；size 用来设置文本框的显示宽度；maxlength 用来设置文本框允许用户输入的最大字符数。其语法格式如下：

```
<input name="标记名称" type="text" size="宽度" maxlength="最大字符数" value="初始值">
```

例如，插入文本输入框。效果如图 9-1 所示。

```
<html>
  <head>
    <title>表单</title>
  </head>
  <body>
```

图 9-1　文本输入框效果

```
<form>
    <p>账号: <input type="text" name="name" size="20"></p>
  </form>
 </body>
</html>
```

9.2.2　密码框

当 type 属性设置为 "password" 时，就会产生一个密码输入框，它的使用方法与 text 很相似，差别仅在于密码框输入时会以星号或圆点来取代输入的字符，以保证密码的安全性。其语法格式如下：

```
<input name="标记名称" type="password" size="宽度" maxlength="最大字符数" >
```

例如，在上面的例子中，继续插入密码框。效果如图 9-2 所示。

```
<html>
  <head>
    <title>表单</title>
  </head>
  <body>
    <form>
      <p>账号: <input type="text" name="name" size="20"></p>
      <p>密码: <input type="password" name="password" size="20"></p>
    </form>
  </body>
</html>
```

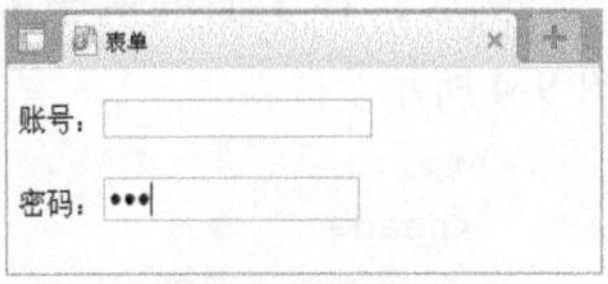

图 9-2　密码框效果

9.2.3　单选按钮

当 type 属性设置为 radio 时，就会产生单选按钮，单选按钮通常是多个选项一起出现供访问者选择，并且一次只能选择一个，因此称为单选按钮。语法格式如下：

```
<input type="radio" name="标记名称" value="提交值" checked="选中状态">
```

单选按钮通常需要设置两个属性：checked 和 name 属性。关于 checked 属性，当需要将某个单选按钮的初始状态设置为被选中时，就将其 checked 属性设置为 true；关于 name 属性，需要将一组供选择的单选按钮设置为相同的名称，以保证这一组中只能有一个项目被选中，这一组单选按钮被称作单选按钮组。

例如，在上面的例子中，继续插入单选按钮组。效果如图 9-3 所示。

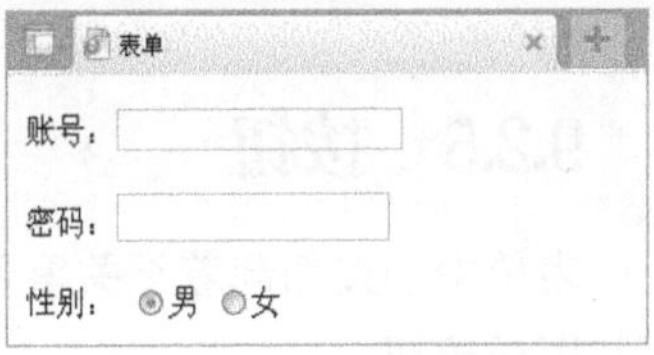

```
<html>
  <head>
    <title>表单</title>
  </head>
  <body>
    <form>
      <p>账号: <input type="text" name="name" size="20"></p>
      <p>密码: <input type="password" name="password" size="20"></p>
      <p>性别:
        <input type="radio" name="sex" value="0" checked="true">男
        <input type="radio" name="sex" value="1">女
      </p>
```

图 9-3　单选按钮组效果

```
    </form>
  </body>
</html>
```

9.2.4　复选按钮

当 type 属性设置为"checkbox"时，就会产生复选按钮。复选按钮与单选按钮类似，也是一组放在一起供访问者选择。复选按钮与单选按钮的区别是可以同时选中一组中的多个选项。语法格式如下：

```
<input type="checkbox" name="标记名称" value="提交值" checked="选中状态">
```

复选按钮通常需要设置两个属性：checked 和 name 属性。其用法与单选按钮相同，唯一的区别是 checked 属性可以同时将多个复选按钮设置为"true"。

例如，在上面的例子中，继续插入复选按钮组。效果如图 9-4 所示。

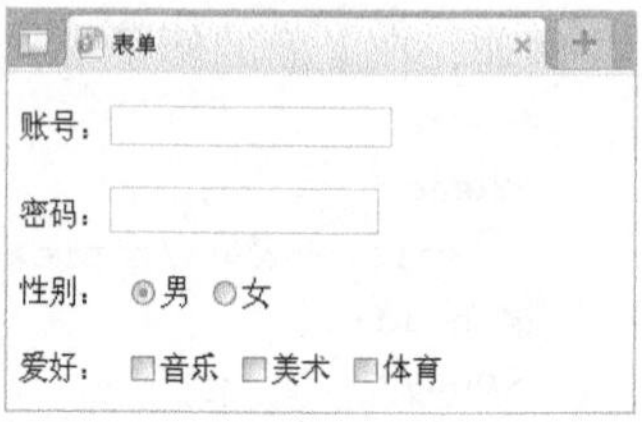

图 9-4　复选按钮组效果

```
<html>
  <head>
    <title>表单</title>
  </head>
  <body>
    <form>
      <p>账号：<input type="text" name="name" size="20"></p>
      <p>密码：<input type="password" name="password" size="20"></p>
      <p>性别：
        <input type="radio" name="sex" value="0" checked="true">男
        <input type="radio" name="sex" value="1">女
      </p>
      <p>爱好：
        <input type="checkbox" name="interest" value="music">音乐
        <input type="checkbox" name="interest" value="art">美术
        <input type="checkbox" name="interest" value="sport">体育
      </p>
    </form>
  </body>
</html>
```

9.2.5　按钮

表单中的按钮起着至关重要的作用，它主要有以下几种类型：提交按钮、重置按钮、普通按钮和图像按钮。

1.　提交按钮

当 type 的类型设置为"submit"时，表示该输入项输入的是提交按钮，单击按钮后，浏览器将表单中的输入信息传送给服务器。其语法格式如下：

```
<input type="submit" name="标记名称" value="按钮显示文字" >
```

2.　重置按钮

当 type 的类型设置为"reset"时，表示该输入项输入的是重置按钮，单击按钮后，浏览器清除表单中的输入信息而恢复到默认的表单内容设定。其语法格式如下：

```
<input  type="reset"  name="标记名称"  value="按钮显示文字" >
```

3. 普通按钮

当 type 的类型设置为 "button" 时，表示该输入项输入的是普通按钮，其具体功能通常需要 Javascript 配合实现。其语法格式如下：

```
<input  type="button"  name="标记名称"  value="按钮显示文字" >
```

4. 图像按钮

当 type 的类型设置为 "image" 时，可以设置一个外观被图像代替的按钮，其语法格式如下：

```
<input  type="image"  name="标记名称"  src="图像路径" >
```

例如，在上面的例子中，继续插入各类按钮。效果如图 9-5 所示。

图 9-5　按钮效果

```
<html>
  <head>
    <title>表单</title>
  </head>
  <body>
    <form>
        <p> 账 号 : <input  type="text"  name="name"
size="20"></p>
        <p>密码: <input type="password" name="password" size="20">
         <input type="button" name="button" value="忘记密码">
</p>
        <p>性别:
          <input type="radio" name="sex" value="0" checked="true">男
          <input type="radio" name="sex" value="1">女
        </p>
        <p>爱好:
          <input type="checkbox"  name="interest"  value="music">音乐
          <input type="checkbox"  name="interest"  value="art">美术
          <input type="checkbox"  name="interest"  value="sport">体育
        </p>
        <p>
          <input type="submit" name="submit" value="提交">
          <input type="reset"  name="reset" value="重置">
          <input type="image"  name="images"  src="button_bg.png">
        </p>
    </form>
  </body>
</html>
```

9.3　选 择 标 记

在表单中，通过<select>和<option>标签就可以在浏览器中列出一个下拉菜单或列表菜单。这两个选择标签均可以很好地节省网页的空间。下拉菜单最节省网页空间，正常状态下浏览者只能看到一个选项，单击按钮打开菜单后才看到全部选项。列表菜单可以显示一定数量的选项，如果超出了这个数量，会自动出现滚动条。其语法格式如下：

```
<select name="名称"  size="选项数目"  multiple="同时选中多项">
  <option value="提交值"  selected="selected">选项值</option>
  <option value="提交值" >选项值</option>
    ……
</select>
```

其中，size 属性表示显示的项目数目，multiple 属性表示列表中的项目允许多选。

例如，设置下拉菜单与列表菜单，其效果如图 9-6 及图 9-7 所示。

图 9-6　下拉菜单效果

图 9-7　列表菜单效果

```
<html>
  <head>
    <title>表单</title>
  </head>
  <body>
    <form>
      <select name="city">
       <option value="beijing" selected="selected">北京</option>
       <option value="shanghai">上海</option>
       <option value="shenzhen">深圳</option>
       <option value="hongkong">香港</option>
      </select>
    </form>
  </body>
</html>

<html>
  <head>
    <title>表单</title>
  </head>
  <body>
    <form>
      <select name="city" size="4" multiple="multiple">
       <option value="beijing" selected="selected">北京</option>
       <option value="shanghai">上海</option>
       <option value="shenzhen">深圳</option>
       <option value="hongkong">香港</option>
      </select>
    </form>
  </body>
</html>
```

9.4　多行文本框

如果需要访问者输入比较多的文字，通常使用多行文本框，这需要使用<textarea>标记来实现，其语法格式如下：

```
<textarea name="名称"  rows="行数"  cols="列数"  readonly="是否只读"></textarea>
```

其中，rows 用来设定多行文本框能显示的行数，cols 用来设定多行文本框一次能显示的单行字符数（也就是列数）。可以通过 cols 和 rows 属性来规定 textarea 的尺寸，不过更好的办法是使用 CSS 的 height 和 width 属性。readonly 设置文本区域为只读。

例如，插入多行文本框。其效果如图 9-8 所示。

```
<html>
  <head>
    <title>表单</title>
  </head>
  <body>
    <form>
      <textarea rows="10" cols="50"></textarea>
    </form>
  </body>
</html>
```

图 9-8　多行文本框效果

习　题

一、填空题

1. HTML 是利用_____来设计交互界面的。

2. 制作表单页面时，可以通过设置 type=_____来插入重置按钮，还可以通过设置 type=_____来插入单选框。

3. <select>标签必须与_____标签配套使用。

二、操作题

按以下要求完成效果如图 9-9 所示的制作。

（1）将文字"用户登记"设置为：3 级标题。

（2）"性别"后的单选按钮组选项依次为："男"、"女"。

（3）"文化程度"后的下拉菜单选项依次为："专科"、"本科"、"硕士"和"博士"。

图 9-9　效果图

第10章
Dreamweaver CS5 概述

10.1 Dreamweaver 的工作环境

由 Adobe 公司开发的 Dreamweaver 是一款专业的网页编辑软件，是业界领先的网页开发工具。通过该工具能够有效地开发和维护标准的网站和应用程序。该软件已经连续发布数版，与之前的版本相比，Dreamweaver CS5 的操作界面更新颖大方，使用起来更快捷方便，从中可以看到更多的设计元素。下面对 Dreamweaver CS5 的工作环境进行简单介绍。

从 Dreamweaver CS5 的工作区可以查看文档和对象的属性。工作区将许多常用的操作放置在工作栏中，便于快速地对文档进行修改。

Dreamweaver CS5 的工作区主要由标题栏、菜单栏、【文档】工具栏、文档窗口、状态栏、【属性】面板以及面板组等构成，如图 10-1 所示。

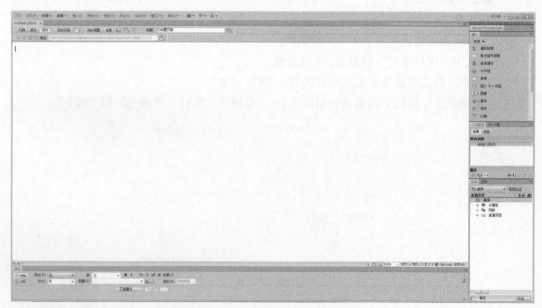

图 10-1　Dreamweaver CS5 的工作区

1. 标题栏

在标题栏区域中包括一个工作区切换器、几个菜单以及其他应用程序控件。

2. 菜单栏

菜单栏包括 10 个菜单，如图 10-2 所示，单击每个菜单就会弹出下拉菜单。利用菜单基本上能够实现 Dreamweaver CS5 的所有功能。

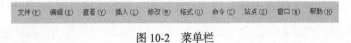

图 10-2　菜单栏

3. 面板组

面板组可以帮助用户进行监控和修改工作，其中包括【插入】面板、【CSS 样式】面板和【文件】面板等，如图 10-3 所示。

图 10-3　面板组

4.【文档】工具栏

【文档】工具栏中包含 3 种文档窗口视图（如设计视图和代码视图）按钮、各种查看选项和一些常用的操作（如在浏览器中预览）。选择【查看】|【工具栏】|【文档】命令，可以显示【文档】工具栏。

5. 文档窗口

文档窗口显示当前创建和编辑的文档。在该窗口中可以输入文字，插入图片，绘制表格等，也可以对整个页面进行处理，如图 10-4 所示。

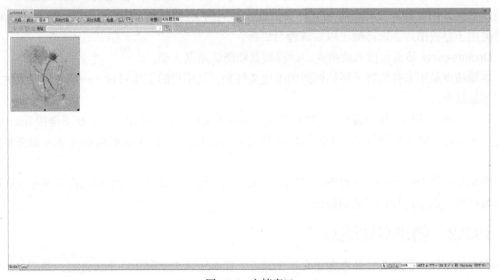

图 10-4　文档窗口

6. 状态栏

状态栏位于文档窗口的底部，包括 3 个功能区：标签选择器（显示和控制文档当前插入点位置的 HTML 源代码标记）、窗口大小弹出菜单（显示页面大小，允许将文档窗口的大小调整到预定义或自定义的尺寸）和下载指示器（估计下载时间，查看传输时间），如图 10-5 所示。

图 10-5　状态栏

7.【属性】面板

【属性】面板是非常重要的面板，用于显示在文档中所选元素的属性，并且可以对被选中元素的属性进行修改。该面板随着选择元素的不同而显示不同的属性，如图 10-6 所示。

图 10-6　【属性】面板

8.【插入】面板

【插入】面板中包括 8 组面板，分别是【常用】插入面板、【布局】插入面板、【表单】插入面板、【数据】插入面板、【Spry】插入面板、【InContextEditing】插入面板、【文本】插入面板和【收藏夹】插入面板。在后续的学习中将会逐渐用到，这里不再赘述。

10.2　站点的管理

10.2.1　认识站点

Dreamweaver 站点是一种管理网站中所有相关联文档的工具，通过站点可以实现将文件上传到网络服务器、自动跟踪和维护、管理文件以及共享文件等功能。严格地说，站点也是一种文档的组织形式，由文档和文档所在的文件夹组成，不同的文件夹保存不同的网页内容，如 images 文件夹用于存放图片，这样便于以后管理与更新。

Dreamweaver 站点包括本地站点、远程站点和测试站点 3 类。

本地站点是用来存放整个网站框架的本地文件夹，是用户的工作目录，一般制作网页时只需建立本地站点。

远程站点是存储于 Internet 服务器上的站点和相关文档。通常情况下，若在不链接 Internet 的情况下对所建的站点进行测试，可以在本地计算机上创建远程站点来模拟真实的 Web 服务器进行测试。

测试站点是 Dreamweaver 处理动态页面的文件夹，使用此文件夹生成动态内容并在工作时连接到数据库，用于进行动态页面测试。

10.2.2　创建本地站点

在开始制作网页之前，通常先定义一个站点，在本地硬盘上创建一个文件夹，然后在制作过程中将所有创建和编辑的网页内容都保存在该文件夹中，如果站点比较大，还需要建立子文件夹来存放不同类型的网页内容，这样可以更好地利用站点对文件进行管理，也可以尽可能地减少错误，如链接出错、路径出错等。当要发布站点时，将这些文件上传到 Web 服务器上即可。

使用 Dreamweaver CS5 的向导创建本地站点的具体操作步骤如下。

步骤① 打开 Dreamweaver CS5，选择导航面板中的【站点】|【管理站点】命令，如图 10-7 所示。

图 10-7　打开管理站点

步骤② 选择【新建】命令，弹出"管理站点"对话框，如图 10-8 所示。Dreamweaver CS5 站点配置窗口上已经做了归类，分为【站点】、【服务器】、【版本控制】和【高级设置】4 部分，对于普通用户而言，只需要配置【站点】和【服务器】即可。【版本控制】和【高级设置】一般只有在大型应用程序开发时才用得上，如图 10-9 所示。

图 10-8　【管理站点】对话框

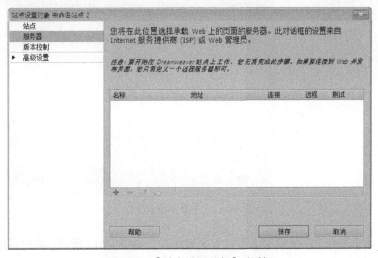

图 10-9　【站点设置对象】对话框

步骤③ 在【站点】选项中输入站点名称 MySite，站点名称一般要以英文命名，本地站点文件选择自己的工作文件夹（将要存储放置 WEB 文件），设置完【站点】后先不要保存，单击左侧的【服务器】配置，如图 10-10 所示。

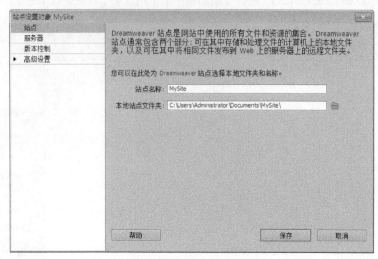

图 10-10 【站点】设置

步骤④ 开始设置【服务器】信息，Dreamweaver CS5 把远程服务器和测试服务器配置项目都纳入到服务器配置项目中，单击图中的加号增加一个服务器配置，如图 10-11 所示。依次填写各项配置名称，如图 10-12 所示，在基本设置中，服务器名称也可以随便输入，这里选择的是 "本地/网络测试"，服务器文件夹定位到测试目录即可。要注意的是，这个服务器配置只是个可选项，如果不需要本地测试或编辑直接上传到 Web 服务器，可以忽略这一配置，单击【保存】按钮退出。

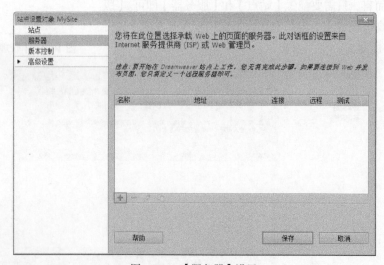

图 10-11 【服务器】设置

步骤⑤ 单击【保存】按钮便完成了站点配置向导，如图 10-13 所示。此时可以在站点管理器中看到 MySite 站点已经加入现有站点中，如图 10-14 所示。

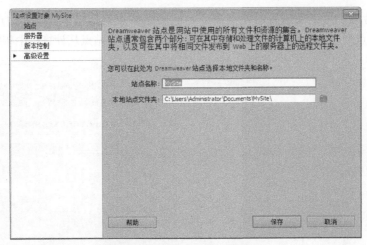

图 10-12　【服务器】详细配置

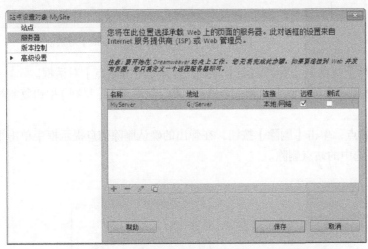

图 10-13　单击【保存】按钮后完成站点设置

图 10-14　站点管理器

10.2.3　管理站点

在 Dreamweaver CS5 中创建完站点后，可以对本地站点进行多方面的管理，如打开站点、编辑站点、删除站点以及复制站点等。

1. 编辑站点

在 Dreamweaver CS5 中可以定义多个站点，但是 Dreamweaver CS5 只能同时对一个站点进行处理，这样我们可能就需要在各个站点间进行切换，打开另一个站点。

步骤① 在菜单栏中选择【站点】|【管理站点】命令，弹出【管理站点】对话框，如图 10-15 所示。

步骤② 如果要对站点进行编辑，可在选择站点名称后单击【编辑】按钮，然后打开【站点设置对象 MySite】对话框，如图 10-16 所示。

步骤③ 完成编辑后，单击【保存】按钮即可结束对站点的编辑。

2. 复制和删除站点

在 Dreamweaver CS5 中复制站点的主要作用为，若要创建一个站点，而它的基本设置都相同，为了减少重复劳动，可以使用复制站点命令。而删除站点就是将不需要的站点删除掉。但从 Dreamweaver 站点列表中删除站点及其所有设置信息并不会将站点从计算机中删除。

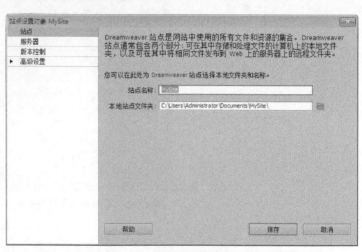

图 10-15　【管理站点】对话框　　　　　　　　图 10-16　【站点设置对象 MySite】对话框

步骤①　在菜单栏中选择【站点】|【管理站点】命令，打开【管理站点】对话框。

步骤②　在打开的【管理站点】对话框中选择一个站点名称，然后单击【复制】按钮复制站点，如图 10-17 所示。

步骤③　选择不需要的站点，单击【删除】按钮，在弹出的确认删除信息提示框中单击【是】按钮，如图 10-18 所示，将选中的站点删除。

图 10-17　复制站点　　　　　　　　　　　　　图 10-18　删除站点

3. 导出和导入站点

Dreamweaver CS5 的站点编辑可以将现有的站点导出为一个站点文件，也可以将站点文件导入成为一个站点。导出、导入的作用在于保存和恢复站点与本地文件的链接关系。

导出和导入站点都是在【管理站点】对话框中操作的，使用者可以通过这些操作将站点导出或导入到 Dreamweaver 里。这样可以在各个计算机和产品版本之间移动站点，或者与其他用户共享这些设置。下面介绍站点导出和导入的操作。

步骤①　打开【管理站点】对话框，选择要导出的一个或多个站点，然后单击【导出】按钮，如图 10-19 所示。

步骤②　在打开的【导出站点】对话框中设置文件名和存储路径，如图 10-20 所示。

步骤③　单击【保存】按钮，将站点保存为后缀为.ste 的文件。

步骤④　如果要在其他计算机中将站点导入到 Dreamweaver 中，可以单击【管理站点】对话框中的【导入】按钮，如图 10-21 所示。

图 10-19　单击【导出】按钮　　　　　　　　　图 10-20　【导出站点】对话框

图 10-21　单击【导入】按钮

步骤⑤ 打开【导入站点】对话框，选择要导入的站点文件，如图 10-22 所示。

图 10-22　选择要导入的站点文件

步骤⑥ 单击【打开】按钮，将站点导入到 Dreamweaver 中，如图 10-23 所示。

图 10-23　导入站点

步骤⑦　单击【完成】按钮，关闭【管理站点】对话框，完成站点的导入。

习　　题

一、填空题

1. Dreamweaver CS5 的工作区主要由_____栏、_____栏、_____栏、_____、_____栏、_____面板以及_____等构成。

2. Dreamweaver 站点包括_____站点、_____站点和_____站点 3 类，其中_____站点是用来存放整个_____的本地文件夹，是用户的工作目录；_____站点是存储于 Internet 服务器上的站点和相关文档；_____站点是 Dreamweaver 处理_____的文件夹，使用此文件夹生成动态内容并在工作时链接到数据库，用于进行动态页面测试。

二、操作题

建立一个个人网站的站点。

第11章
常用元素的编辑

11.1　创建文本网页

文本是制作网页最基本的内容，也是网页中的重要元素。一个网页主要是靠文本内容来传达信息的。文本是网页的重要显示方式，是网页的灵魂。

11.1.1　新建、保存和打开网页文档

新建、保存及打开网页文档是正式学习网页制作的第一步，也是网页制作的基本条件。下面介绍网页文档新建、保存等基本操作。

步骤① 启动 Dreamweaver CS5 软件，打开项目创建界面，如图 11-1 所示。

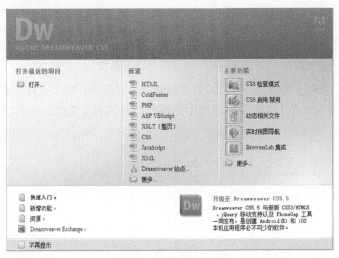

图 11-1　项目创建界面

步骤② 在菜单栏中选择【文件】|【新建】命令，打开【新建文档】对话框。在【空白页】的【页面类型】列表中选择 HTML，然后在右边的【布局】列表中选择【无】，如图 11-2 所示。

步骤③ 单击【创建】按钮，创建一个空白的 HTML 网页文档，如图 11-3 所示。

步骤④ 在菜单栏中选择【文件】|【保存】命令，打开【另存为】对话框。在该对话框中为网页文档选择存储的路径和文件名，并选择保存类型，如 All Documents，如图 11-4 所示。

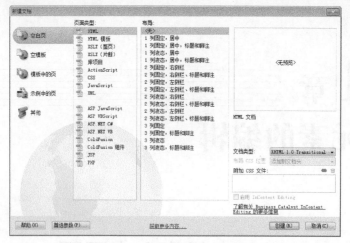

图 11-2 【新建文档】对话框

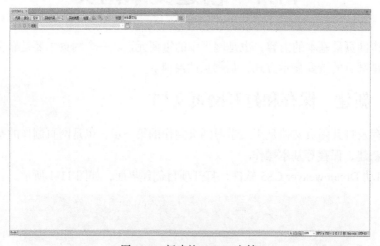

图 11-3 新建的 HTML 文档

步骤⑤ 单击【保存】按钮，即可将网页文档保存。如果打开网页文件，可以在菜单栏中选择【文件】|【打开】命令，在【打开】对话框中选择要打开的网页文件，如图 11-5 所示。

图 11-4 【另存为】对话框

图 11-5 【打开】对话框

步骤⑥　单击【打开】按钮，即可在 Dreamweaver 中打开网页文件。

 　　　保存网页的时候，用户可以在【保存类型】下拉列表中根据制作网页的要求选择不同的文件类型，区别文件类型的主要是文件后缀名称的不同。设置文件名的时候，不要使用特殊符号，尽量不要使用中文名称。

11.1.2　网页属性设置

页面属性设置是网页文档最基本的样式设置，包括标题、字体、大小、页边距等。页面属性是控制网页外观的基本方法，对于初学者来说，掌握页面属性设置是制作不同样式网页的基本要求。

步骤①　在菜单栏中选择【窗口】|【属性】命令，打开【属性】面板，然后单击【页面属性】按钮，如图 11-6 所示。

图 11-6　单击【页面属性】按钮

步骤②　打开【页面属性】对话框，在左侧的【分类】列表框中选择【外观（CSS）】选项，在右侧可看到关于【外观（CSS）】的具体设置，如图 11-7 所示。

 　　　如果需要的字体不在列表中，可以单击列表中的【编辑字体列表】命令，打开【编辑字体列表】对话框，将【可用字体】列表框中的字体添加到【选择的字体】列表框中，如图 11-8 所示。然后单击【确定】按钮即可。

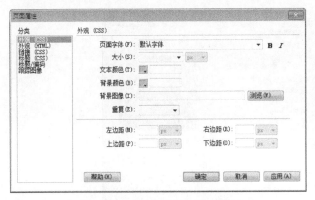

图 11-7　【外观（CSS）】参数

图 11-8　【编辑字体列表】对话框

步骤③　单击【页面字体】下拉列表框右侧的下三角按钮，在下拉列表框中选择网页显示的字体样式，如【宋体】，如图 11-9 所示。

步骤④　在【大小】下拉框中选择数值改变字体大小，如选择 12，数值越大，字体就越大，如图 11-10 所示。如果要设置特定字体，可以在文本框中直接输入字号，然后选择单位。

 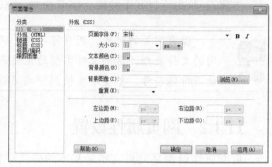

图 11-9　选择【字体】　　　　　　　　　　　图 11-10　设置字体大小

步骤⑤　在【文本颜色】和【背景颜色】文本框中输入颜色的色标值，或单击色块，在打开的【颜色选择器】中选择合适的颜色，如图 11-11 所示。

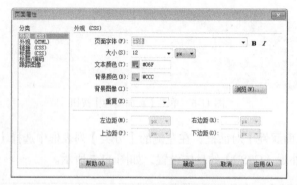

图 11-11　文本颜色和背景颜色

步骤⑥　如果要为网页设置背景图像，可以单击【背景图像】文本框右侧的【浏览】按钮，在打开的【选择图像源文件】对话框中选择要作为背景的图像，如图 11-12 所示。

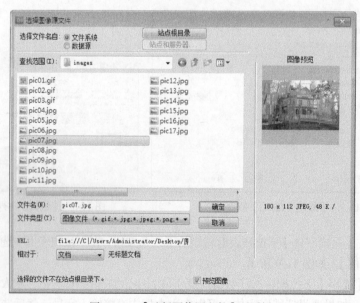

图 11-12　【选择图像源文件】对话框

步骤⑦　单击【确定】按钮，确认背景图像的插入。在【重复】下拉列表框中可以选择背景图像在页面上的显示方式，如图 11-13 所示。

其中各选项的含义如下。

no-repeat（不重复）：选择不重复选项表示将仅显示背景图像一次。

repeat（重复）：选择重复选项表示将图像以横向和纵向重复或平铺显示图像。

repeat-x（x 轴重复）：将图像沿 x 轴横向平铺显示。

repeat-y（y 轴重复）：将图像沿 y 轴纵向平铺显示。

步骤⑧　在【左边距】、【右边距】、【上边距】和【下边距】文本框中，可以指定页面各个边距的大小，单位通常为 px，如图 11-14 所示。

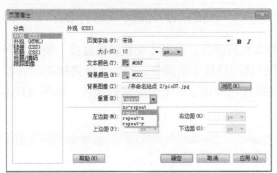

图 11-13　选择重复方式

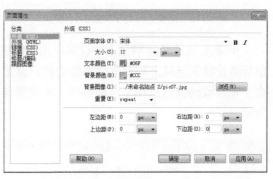

图 11-14　设置页边距大小

步骤⑨　选择【页面属性】对话框左侧【分类】列表框中的【外观（HTML）】选项，在右侧可看到【外观（HTML）】的参数设置，如图 11-15 所示。

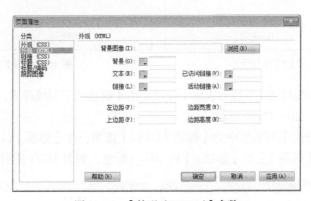

图 11-15　【外观（HTML）】参数

步骤⑩　【外观（HTML）】的设置与【外观（CSS）】大致相同，也可以设置背景图像，颜色是主要设置。用户可以分别为【背景】、【文本】、【链接】、【已访问链接】和【活动链接】设置颜色。最后设置页面的【左边距】和【上边距】的大小，并对【边距宽度】和【边距高度】进行设置，如图 11-16 所示。

步骤⑪　选择【页面属性】对话框左侧的【链接（CSS）】选项，在右侧可看到【链接（CSS）】的参数设置，如图 11-17 所示。

步骤⑫　在【链接字体】下拉列表框中为链接文本设置字体。默认情况下，Dreamweaver 将链接文本的字体设置为与整体页面文本相同的字体，当然也可以设置为其他的字体。在【大小】下拉列表框中输入数值，设置链接文本的字体大小，如图 11-18 所示。

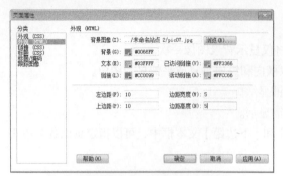

图 11-16 设置【外观（HTML）】参数

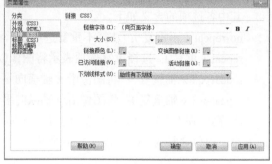

图 11-17 【链接（CSS）】参数

步骤⑬ 在【链接颜色】中设置应用了链接的文本的颜色；设置【变换图像链接】颜色，当鼠标指针移至链接上时颜色会发生变化；设置【已访问链接】的颜色，当文字链接被访问后就会呈现设置的颜色；在【活动链接】中设置鼠标指针在链接上单击时应用的颜色，如图 11-19 所示。

图 11-18 设置字体与大小

图 11-19 设置链接颜色

步骤⑭ 在【下划线样式】下拉列表框中设置应用于链接的下划线样式，例如选择【仅在变换图像时显示下划线】，如图 11-20 所示。

步骤⑮ 选择【分类】列表框中的【标题（CSS）】选项，在【标题】区域中可以设置【标题字体】，并分别设置【标题 1】至【标题 6】的字体与颜色，如图 11-21 所示。

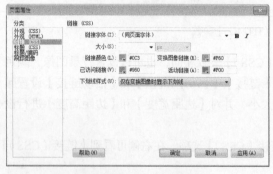

图 11-20 设置下划线样式

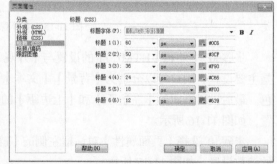

图 11-21 设置标题

步骤⑯ 选择【分类】列表框中的【标题/编码】选项，在打开的【标题/编码】属性设置区域中设置在文档窗口的大多数浏览器窗口的标题栏中出现的页面标题，如图 11-22 所示。

步骤⑰ 在【文档类型（DTD）】下拉列表框中选择一种文档类型，一般默认为 XHTML 1.0 Transitional，如图 11-23 所示。

图 11-22　设置标题

图 11-23　设置文档类型

步骤⑱ 在【编码】下拉列表框中指定文档中字符所用的编码。如果选择 Unicode（UTF-8）作为文档编码，则不需要实体编码，因为 UTF-8 可以安全地表示所有字符。如果选择其他文档编码，则可能需要用实体编码才能表示某些字符。

步骤⑲ 【Unicode 标准化表单】仅在使用者选择 UTF-8 作为文档编码时才启用。有 4 种 Unicode 范式，最重要的是【C（规范分解，后跟规范合成）】，因为它是用于 www 字符模型的最常用范式。

步骤⑳ 选择【分类】列表框中的【跟踪图像】选项，在【跟踪图像】选项区域下，用户可以在【跟踪图像】文本框中指定在复制设计时作为参考的图像。该图只供参考，当在浏览器中浏览文件时并不出现，然后对【透明度】进行调节，用来更改跟踪图像的透明度，如图 11-24 所示。完成页面的设置后，单击【确定】按钮。在文档中输入文本，则刚刚设置的页面属性基本都可以显示出来，如图 11-25 所示。

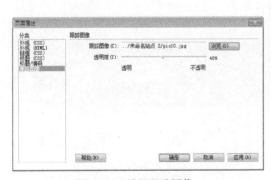

图 11-24　设置跟踪图像

图 11-25　页面属性效果

11.2　编辑文本和设置文本属性

在 Dreamweaver CS5 中，用户可以通过直接输入、复制和粘贴或导入的方式，轻松地将文本插入文档中。除此之外，通过【插入】面板上的【文本】面板插入一些文本内容，如日期、特殊字符等。

11.2.1 插入文本和文本属性设置

插入和编辑文本是网页制作的重要步骤，也是网页制作的重要组成部分。在 Dreamweaver 中，插入网页文本比较简单，可以直接输入，也可以将其他电子文本中的文本复制到其中。在本节中将具体介绍网页文本输入和编辑的制作方法。

步骤① 启动 Dreamweaver CS5 软件，打开随书附带光盘中的 "\Dreamweaver\char11\11.2.1\index.html" 文件，如图 11-26 所示。

步骤② 将光标置于网页文档左方表格中，并输入一些文本，如图 11-27 所示。

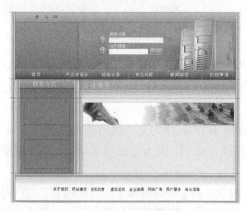
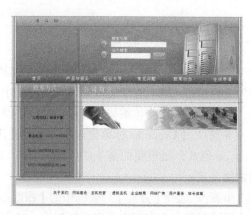

图 11-26　打开原始文件　　　　　　　　　图 11-27　输入文本

步骤③ 将光标置于右侧的表格中，先输入空格，打开【文本】插入面板，单击 字符：不换行空格 按钮上的小三角形，在弹出的下拉菜单中选择【不换行空格】命令，如图 11-28 所示。

步骤④ 单击【不换行空格】按钮空一个格，如果要多空个格，可连续单击，本案例共空了 6 个格，然后在空格的后面输入文本，如图 11-29 所示。

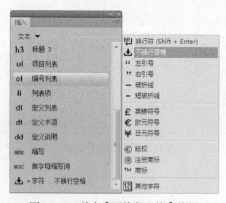
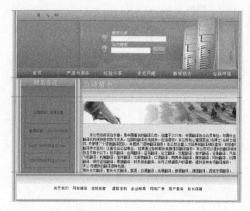

图 11-28　单击【不换行空格】按钮　　　　　图 11-29　输入文本

步骤⑤ 如果要对输入的文本重新编辑，可以直接在网页文档中进行修改。完成文本输入后，通常情况下还需在【属性】面板中对文本的属性进行设置，如图 11-30 所示。

图 11-30　【属性】面板

步骤⑥　下面对网页文档右侧的文本属性进行修改，首先将文本选中，在【属性】面板中单击【文本颜色】的色块，选择一种文本颜色后单击，这时弹出【新建 CSS 规则】对话框，直接单击【确定】按钮即可，如图 11-31 所示。文本颜色改变后的效果如图 11-32 所示。

图 11-31　改变文本颜色

图 11-32　文本颜色改变后的效果

步骤⑦　将光标放置在网页文档右侧的文本单元格中，放置在文本的开始位置即可。在【属性】面板中将【垂直】设置为【顶端】，使文本位于单元格的顶端，如图 11-33 所示。

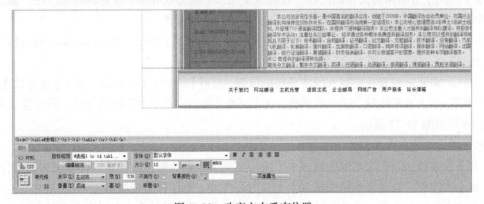

图 11-33　改变文本垂直位置

步骤⑧ 选择网页文档中第3行左侧单元格中的文本，在如图11-33所示的【属性】面板中将【大小】设置为12，【字体】设置为【宋体】，在设置时会弹出【新建CSS规则】对话框，直接单击【确定】按钮即可，如图11-34所示。设置完成后的效果如图11-35所示。

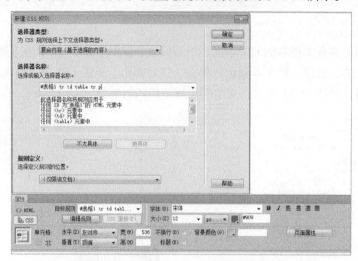

图 11-34　设置【大小】与【字体】

图 11-35　设置完成后的效果

在 Dreamweaver CS5 中，输入文本和编辑文本在使用方法上和经常使用的 Word 办公文档相近，是比较容易掌握的。

11.2.2　使用水平线

水平线用于分隔网页文档的内容，合理地使用水平线可以取得非常好的效果。在一篇复杂的文档中插入几条水平线，就会使文档变得层次分明，便于阅读。

步骤① 启动 Dreamweaver CS5 软件，打开随书附带光盘中的 "Dreamweaver\char11\11.2.2\index.html" 的文件，如图11-36所示。

步骤② 将光标放置在要插入的水平线的位置，打开【常用】插入面板，单击【水平线】按钮。

步骤③ 插入水平线后，选中水平线，在【属性】面板中设置水平线的属性。设置完成后，水平线的效果如图11-37所示。

水平线属性的各项参数如下。

【宽】文本框：在此文本框中输入水平线的宽度值，默认单位为像素，也可设置为百分比。

【高】文本框：在此文本框中输入水平线的高度值，单位只能是像素。

【对齐】下拉列表框：用于设置水平线的对齐方式，有【默认】、【左对齐】、【居中对齐】以及

【右对齐】4 种方式。

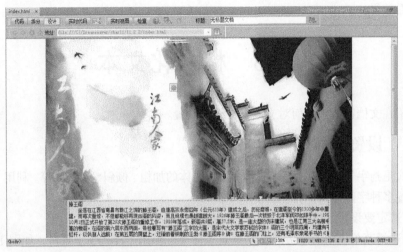

图 11-36 原始文件图

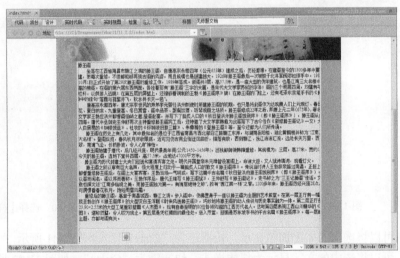

图 11-37 水平线效果

【阴影】复选框：选中该复选框，水平线将产生阴影效果。

【类】下拉列表框：在其列表中可以添加样式，或应用已有的样式到水平线。

步骤④ 如果要为水平线设置颜色，可以选择水平线后右键单击，在弹出的快捷菜单中选择【编辑标签】命令，打开【标签编辑器】对话框。在该对话框左侧选择【浏览器特定的】选项，然后在右侧设置其颜色，如图 11-38 所示。

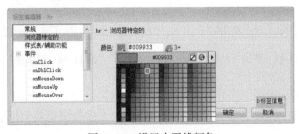

图 11-38 设置水平线颜色

步骤⑤ 单击【确定】按钮，即可完成水平线颜色的设置。将文件保存，按 F12 键，在浏览器中即可观看效果。

11.3　格式化文本

下面介绍在文档窗口中如何对文本进行编辑设置。

11.3.1　设置字体样式

字体样式是指字体的外观显示样式，例如，字体的加粗、倾斜、下划线等。利用 Dreamweaver CS5 可以设置多种字体样式，具体操作如下。

步骤① 选定要设置字体的样式文本，如图 11-39 所示。

步骤② 选择菜单栏中的【格式】|【样式】命令，弹出【样式】子菜单，如图 11-40 所示。

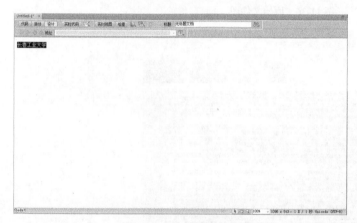

图 11-39　选择样式文本

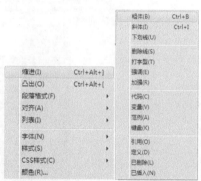

图 11-40　选择【样式】命令

【粗体】：可以将选中的文字加粗显示，快捷键为"Ctrl+B"，如图 11-41 所示。

【斜体】：可以将选中的文字显示为斜体样式，快捷键为"Ctrl+I"，如图 11-42 所示。

图 11-41　加粗字体

图 11-42　设置字体为斜体

【下画线】：可以在选中的文字下方显示一条下画线，如图 11-43 所示。

【删除线】：将选定文字的中部横贯一条横线，表明文字被删除，如图 11-44 所示。

图 11-43　添加下划线

图 11-44　添加删除线

【打字型】：可以将选中的文字作为等宽文本来显示。

【强调】：可以将选中的文字在需要的文件中强调。大多数浏览器会把它显示为斜体样式，如图 11-45 所示。

【加强】：可以将所选的文字在文件中以加强的格式显示。大多数浏览器会把它显示为粗体样式，如图 11-46 所示。

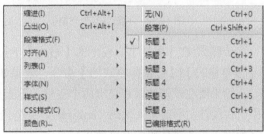

图 11-45　强调文字　　　　　　　　　　图 11-46　加强文字

11.3.2　编辑段落

段落是指一段格式上统一的文本。在文档窗口中每输入一段文字，按 Enter 键后，就会自动形成一个段落。编辑段落主要是对网页中的一段文本进行设置，主要操作包括设置段落格式、预格式化文本、设置段落的对齐方式、设置段落文本的缩进等。

1. 设置段落格式

设置段落格式的具体操作如下。

步骤① 将光标放在段落中任意位置或选择段落中的一些文本。

步骤② 选择菜单中的【格式】|【段落格式】命令，则弹出可供选择的格式样式，如图 11-47 所示。

步骤③ 选择一个段落格式，例如【标题 1】，如图 11-48 所示。

步骤④ 在段落格式中对段落应用标题标签时，Dreamweaver 会自动添加下一行文本作为标准段落。若要更改此设置，可选择【编辑】|【首选参数】命令，打开【首选参数】对话框，在【常规】分类中的【编辑选项】区域中取消选中【标题后切换到普通段落】复选框，如图 11-49 所示。

图 11-47　选择段落格式

图 11-48　设置格式

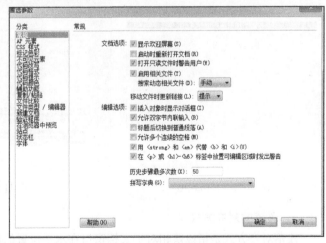

图 11-49　取消选中【标题后切换到普通段落】复选框

2. 定义预格式化

在 Dreamweaver 中不能连续输入多个空格，如图 11-50 所示。在显示一些特殊格式的段落文本时，这一点显得非常不方便。

在这种情况下，可以使用预格式化标记<pre>和</pre>来解决这个问题。

在 Dreamweaver 中，设置预格式化段落的具体操作如下。

步骤① 将光标置于要设置预格式化的段落中，如果要将多个段落设置为预格式化，则要选择多个段落，如图 11-51 所示。

图 11-50　不能空多个空格

图 11-51　选择多个段落

步骤② 在【属性】面板中的【格式】下拉列表中选择【预先格式化】选项，或选择【格式】|【段落格式】|【已编排格式的】命令，效果如图 11-52 所示。

如果要在段落的段首空出两个空格，不能直接在【设计】方式下输入空格，应切换到【代码】中，在段首文字前输入代码 " "。一个代码表示一个半角字符。如图 11-53 所示为在段首文字前输入了 4 个代码的空格效果。

图 11-52　预格式化

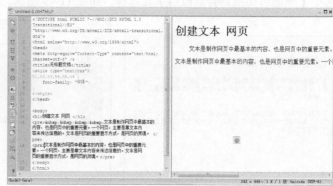

图 11-53　添加代码进行空格输入

3. 段落的对齐方式

段落对齐方式是指段落相对于文档窗口在水平位置的对齐方式。共有 4 种对齐方式：左对齐、居中对齐、右对齐、两端对齐。

对齐的具体操作如下。

步骤① 将鼠标放置在需要设置对齐方式的段落中，如果需要设置多个段落，则需要选择多个段落。

步骤② 选择菜单中的【格式】|【对齐】命令，从子菜单中选择相应的对齐方式。

4. 段落缩进

在强调一些文字或引用其他来源的文字时，需要将文字进行段落缩进，以示和普通段落的区别。缩进主要是指内容相对于文档窗口左端产生的间距。

缩进的具体操作如下。

步骤① 将光标放置在要设置缩进的段落中，如果要缩进多个段落，则选择多个段落。

步骤② 选择菜单栏中的【格式】|【缩进】命令，即可将段落往右缩进一定位置。

在对段落的定义中，使用 Enter 键可以使段落之间产生较大的间距，即用<p>和</p>标记定义段落；若要对段落文字进行强制换行，可以按“Shift+Enter”组合键，通过在文档段落的相应位置插入一个
标记来实现。

11.4 项目列表设置

在编辑 Word 文档的时候，有时需要给一些文字加上编号或项目符号。将一系列文字归纳在一个版块里有利于读者阅读，也能使文章按照项目有序地排列。制作网页文本也一样，在 Dreamweaver 中，用户可以使用项目功能命令，将一些项目以排列的方式按照顺序排列。项目列表可以分为有序列表和编号列表。项目列表也可以嵌套，嵌套项目列表是包含在其他项目列表中的项目列表。例如，可以在编号列表或项目列表中嵌套其他的数字或编号项目列表。

11.4.1 认识项目列表和编号列表

项目列表中各个项目之间没有顺序、级别之分，通常使用一个项目符号作为每条列表项的前缀，如图 11-54 所示。

编号列表通常可以使用阿拉伯数字、英文字母、罗马数字等符号来编排项目，各项目之间通常有一种先后关系，如图 11-55 所示。

在 Dreamweaver 中还有定义列表方式，它的每一个列表项都带有一个缩进的定义字段，就好像解释文字一样，如图 11-56 所示。

- 项目列表
- 项目列表
- 项目列表
- 项目列表

图 11-54　项目列表

1. 项目列表
2. 项目列表
3. 项目列表
4. 项目列表

图 11-55　编号列表

项目列表
　　项目列表
项目列表
　　项目列表

图 11-56　定义列表

11.4.2 创建项目列表和编号列表

在网页文档中使用项目列表可以增加内容的次序性和归纳性。在 Dreamweaver 中创建项目列表有很多方法，显示的项目符号也多种多样。本小节介绍项目列表创建的基本操作。

步骤① 启动 Dreamweaver CS5 软件，打开随书附带光盘中的“Dreamweaver\char11\11.4.2\index.html”文件，如图 11-57 所示。

步骤② 将光标插入文字“四大石窟:”的后面，按 Enter 键，新建行并输入文本，如图 11-58 所示。

图 11-57　原始文件

图 11-58　输入文字

步骤③ 选中输入文本，打开【属性】面板，单击【项目列表】按钮，如图 11-59 所示。

图 11-59　单击【项目列表】按钮

步骤④ 单击【项目列表】按钮后，即可在选中的文本前显示一个项目符号，然后将光标放置在文本的最后，按 Enter 键将自动创建第 2 个项目，然后输入文字，如图 11-60 所示。

图 11-60　创建项目

创建项目列表，还可直接单击【文本】插入面板中的【项目列表】按钮。

　　步骤⑤ 将光标放置在文字"四大避暑胜地："的后面，按 Enter 键，新建行并输入文本，在【属性】面板中单击【编号列表】按钮，如图 11-61 所示。

图 11-61　单击【编号列表】按钮

　　步骤⑥ 单击【编号列表】按钮后，在光标处自动显示第 1 个序号，如图 11-62 所示。

　　步骤⑦ 将光标移至文字的后面，按 Enter 键，新建第 2 个序号，然后输入文字。重复操作，创建多个按序号排列的项目，完成后的效果如图 11-63 所示。

图 11-62　显示编号　　　　　　　　　　　图 11-63　编号列表的效果

11.4.3　创建嵌套项目

　　嵌套项目是项目列表的子项目，其创建方法与创建项目的方法基本相同。下面介绍嵌套项目的创建方法。

　　步骤① 运行 Dreamweaver CS5 软件，打开随书附带光盘中的"\Dreamweaver\char11\11.4.3\index.html"文件，如图 11-64 所示。

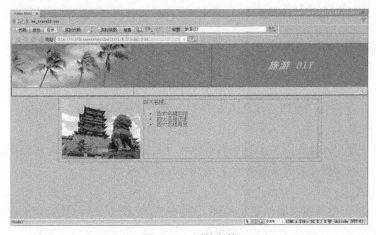

图 11-64　原始文件

步骤② 将光标放置在文字"四大名楼包括"的后面，按 Enter 键转行。在【属性】面板中单击【文本缩进】按钮，使光标向内缩进一个字符。然后单击【编号列表】按钮，创建编号列表，如图 11-65 所示。

步骤③ 在编号后面输入文字，然后按照创建编号列表的方法，创建多个编号名称，完成后如图 11-66 所示。

图 11-65　创建编号列表

图 11-66　创建嵌套项目

嵌套项目可以是项目列表，也可以是编号列表。用户如果要将已有的项目设置为嵌套项目，可以选中某个项目，然后单击【文本缩进】按钮，再单击【项目列表】或【编号列表】，即可更改嵌套项目的显示方式。

11.5　图像的编辑

对于网页的视觉效果而言，恰当地使用图像能使网页充满生机和说服力，并且网页的风格也是依靠图像才能得以体现。但是在网页中使用图像也不是没有任何限制的。准确地使用图像来体现网页的风格，同时又不影响浏览网页的速度，这是网页中插入图像的基本要求。

如何才能恰当地使用图像呢？首先，使用的图像素材要贴近网页风格，能够明确地表达所要说明的内容，并且图片要富有美感，能吸引浏览者的注意力，使其通过图像对网站产生兴趣。其次，在选择美观、得体的图像的同时，还要注意图像的大小。相对而言，图像所占文件的大小往往是文字的数百倍甚至数千倍，所以图像是导致网页文件过大的主要原因。网页太大往往会造成浏览速度过慢等问题，所以应该尽量使用小一些的图像文件。

11.5.1　网页图像格式

网页中的图像文件有许多种格式，但是在网页中通常使用的只有 3 种，即 GIF、JPEG 和 PNG。

1．GIF 格式

GIF 格式是用于压缩具有单调色彩和清晰细节的图像（如线状图、徽标或带有文字的插图）的标准格式，多用于图标、按钮、滚动条和背景色等。

2．JPEG 格式

JPEG 格式主要用于摄影图片的存储和显示，尤其是色彩丰富的大自然照片，通常可以通过压缩 JPEG 格式，在图像品质和文件大小之间达到良好的平衡。

3．PNG 格式

PNG 格式文件可保留所有原始层、向量、颜色和效果信息。该格式采用无损压缩方式来减少文件的大小，能把图像文件的大小压缩到极限，以利于网络的传输而不失真。

11.5.2　插入网页图像

下面介绍如何在网页中插入图像。

步骤① 运行 Dreamweaver CS5，在菜单栏中选择【文件】|【打开】命令，打开【打开】对话框，选择随书附带光盘中的"Dreamweaver\char11\11.5.2\index.html"文件，如图 11-67 所示。

图 11-67　选择素材文件

步骤② 单击【打开】按钮，打开素材文件，将光标置于需要插入图像的位置，如图 11-68 所示。

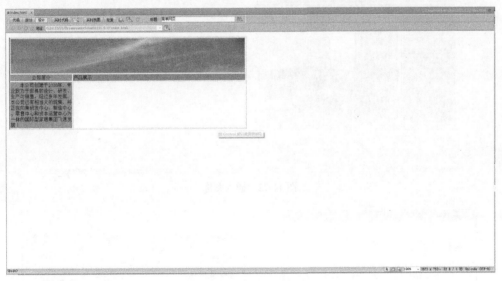

图 11-68　插入光标

执行以下操作之一，可以完成图像的插入。

在菜单栏中选择【插入】|【图像】命令，如图 11-69 所示。

在【常用】插入面板中单击【图像】按钮，如图 11-70 所示。

步骤③ 打开【选择图像源文件】对话框，在该对话框中选择随书附带光盘中的"Dreamweaver\char11\11.5.2\images\room.jpg"文件，如图 11-71 所示。

图 11-69　插入图像命令　　　图 11-70　插入图像按钮　　　　　　图 11-71　选择图像

步骤④　单击【确定】按钮，插入图像，如图 11-72 所示。将图片文件复制到根文件夹下，并在【图像标签辅助功能属性】对话框中添加图像替换文本，如图 11-73 和图 11-74 所示。也可以取消【图像标签辅助功能属性】功能，如图 11-75 所示。

图 11-72　插入图像

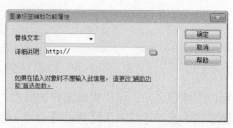

图 11-73　提示对话框　　　　　　　　　图 11-74　【图像标签辅助功能属性】对话框

步骤⑤　图像插入完成后，在菜单栏中选择【文件】|【另存为】命令，保存网页。按 F12 键在浏览器中预览效果，如图 11-76 所示。

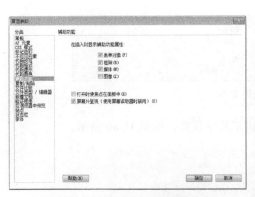

图 11-75　取消图像辅助功能属性

图 11-76　预览网页效果

11.5.3　编辑和更新网页图像

将图像插入文档中后，根据文档的需要，可以使用 Dreamweaver CS5 中的图像编辑功能对图像进行编辑，下面介绍编辑图像的具体方法。

1. 设置图像大小

设置图像大小的具体操作如下。

步骤① 运行 Dreamweaver CS5，在菜单栏中选择【文件】|【打开】命令，弹出【打开】对话框，在该对话框中选择随书附带光盘中的"Dreamweaver\char11\11.5.3\index.html" 文件，如图 11-77 所示。

步骤② 单击【打开】按钮，打开素材文件。在文档窗口中选择需要调整的图像文件，在图像的底部、右侧以及右下角会出现新控制点，如图 11-78 所示。

图 11-77　选择素材文件

图 11-78　选择图像文件

步骤③ 可以通过拖动控制点来调节图像的高度和宽度，可以在【属性】面板中通过修改图像参数来进行修改，如图 11-79 所示。

图 11-79　修改图像大小

步骤④ 修改完成后，将网页保存。按 F12 键在浏览器中预览，如图 11-80 所示。

图 11-80　预览网页效果

2. 优化图像

接下来将介绍素材图像的优化处理。

步骤① 运行 Dreamweaver CS5，打开素材文件，选择需要修改的图像，如图 11-81 所示。

图 11-81　选择需要修改的图像

步骤② 在菜单中选择【修改】|【图像】|【优化】命令，如图 11-82 所示。

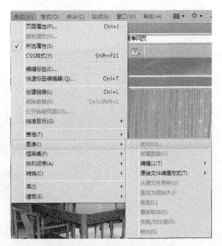

图 11-82　选择【优化】命令

步骤③ 在【属性】中单击【编辑图像设置】按钮，如图 11-83 所示。

图 11-83　单击【编辑图像设置】按钮

步骤④ 打开【图像预览】对话框。在【选项】选项卡中可以选择图像格式，优化图像品质等效果，如图 11-84 所示；在【文件】选项卡中可以设置图像显示比例，如图 11-85 所示。

图 11-84　【选项】选项卡

步骤⑤ 设置完成后，单击【确定】按钮，图像优化完成。

3. 裁剪图像

完成了图像的优化，接下来介绍图像的裁剪操作，将多余的区域裁剪掉。

图 11-85 【文件】选项卡

步骤① 运行 Dreamweaver CS5，打开素材文件，选择需要剪裁的图像，如图 11-86 所示。

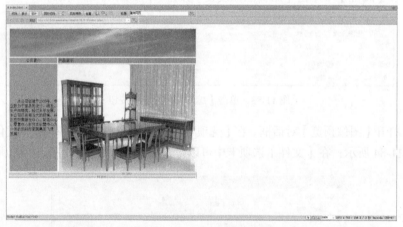

图 11-86 选择需要裁剪的图像

步骤② 在菜单栏中选择【修改】|【图像】|【裁剪】命令，如图 11-87 所示。

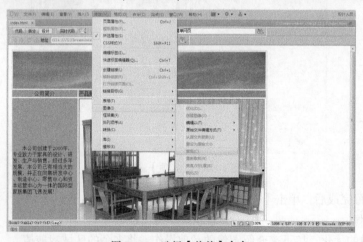

图 11-87 选择【裁剪】命令

步骤③ 在【属性】面板中单击【裁剪】按钮，如图 11-88 所示。

步骤④ 选择【裁剪】命令后，Dreamweaver 会弹出提示对话框，如图 11-89 所示。可以选中【不要再显示该消息】复选框，那么下一次做同样的操作处理时，Dreamweaver 将不再显示此对话框。

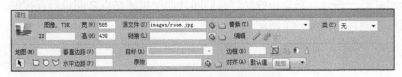

图 11-88　单击【裁剪】按钮　　　　　　　图 11-89　裁剪提示对话框

步骤⑤ 单击【确定】按钮，图像进入裁剪状态，可以通过移动裁剪窗口或者调整裁剪控制点选择图像裁剪区域，如图 11-90 所示。

图 11-90　选择裁剪区域

步骤⑥ 选取完成后，在窗口中双击或者按 Enter 键进行裁剪，如图 11-91 所示。

图 11-91　裁剪图像

步骤⑦ 裁剪完成后，将网页保存。按 F12 键可以在浏览器中预览。

11.6 链接的编辑

链接在本质上属于一个网页的一部分，它是一种允许我们同其他网页或站点之间进行连接的元素。各个网页链接在一起后才能真正构成一个网站。

11.6.1 路径

1. 绝对路径

使用绝对路径与链接的源端点无关，只要站点地址不变，无论文档文件在站点中如何移动，都可以正常实现跳转而不会发生错误。在链接不同站点上的文件时，必须使用绝对路径。

2. 相对路径

文档相对路径对于大多数 Web 站点的本地链接来说是最适用的路径。在当前文档与所链接的文档处于同一个文件夹中而且可能保持这种状态的情况下，文档相对路径很有用。

如果成组地移动一组文件，例如移动整个文件夹时，该文件夹内所有文件保持彼此之间的相对路径不变，此时不需要更新这些文件间的文档相对链接。但是在移动包含文档相对链接的单个文件，或移动由文档相对链接确定目录的单个文件时，则必须更新这些链接（如果使用【文本】面板移动或重命名文件，则 Dreamweaver 将自动更新所有相关链接）。

3. 站点根目录相对路径

站点根目录相对路径描述从站点的根文件夹到文档的路径。如果在处理使用多个服务器的大型 Web 站点或者在使用承载多个站点的服务器时，则可能需要使用这些路径。不过，如果不熟悉此类型的路径，最好使用文档相对路径。

站点根目录相对路径以"/"开始，该正斜杠表示站点根文件夹。例如，/images/index.html 是文件 index.html 的站点根目录相对路径，该文件位于站点根文件夹的 images 子文件夹中。

11.6.2 链接的设置

在一个文档中可以创建以下几种类型的链接。

（1）链接到其他文档或者文件（例如图片、影片或者声音文件等）的链接。

（2）命名锚记链接：此类链接跳转至文档内的特定位置。

（3）电子邮件链接：此类链接新建一个已填好收件人地址的空白电子邮件。

1. 设置文本链接和图像链接

浏览网页时，会看到一些带下画线的文字，将光标移动到文字上时，鼠标会变成手指形状，单击就会打开一个网页，这样的链接就是文本链接。

浏览网页时，如果将光标移动到图像上之后，鼠标指针变成手指形状，单击就会打开一个网页，这样的链接就是图像链接。

下面将介绍文本链接和图像链接的创建。

（1）利用菜单命令创建文字或图片链接

步骤① 打开随书附带光盘中的"Dreamweaver\char11\11.6.2-1\index.html"文件，先将需要添加链接的文字或图片选中，如图 11-92 和图 11-93 所示。

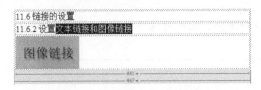

图 11-92　选择需要添加链接的文字　　　　图 11-93　选择需要添加链接的图像

步骤② 在菜单栏中选择【修改】|【创建链接】命令，如图 11-94 所示。

步骤③ 在弹出的【选择文件】对话框中选择随书附带的光盘中的 "Dreamweaver\char11\ 11.6.2-1\ index1.html"，单击【确定】按钮，如图 11-95 所示。

图 11-94　选择【创建链接】命令

图 11-95　选择目标文件

（2）利用【属性】面板中的【浏览文件】按钮创建文字或图片链接

步骤① 打开随书附带光盘中的 "Dreamweaver\char11\11.6.2-1\index.html" 文件，先将需要添加链接的文字或图片选中，单击【属性】面板中的【浏览文件】按钮，如图 11-96 所示。

步骤② 在弹出的【选择文件】对话框中选择随书附带光盘中的 "Dreamweaver\char11\11.6.2-1\ index1.html" 文件，单击【确定】按钮。

图 11-96　单击【属性】面板中的【浏览文件】按钮

（3）利用【属性】面板中的【指向文件】按钮创建文字或图片链接

步骤① 打开 "Dreamweaver\char11\11.6.2-1\ index. html" 文件，先将需要添加链接的文字或图片选中。

步骤② 在【属性】面板中，在【指向文件】按钮上按住鼠标不放，拖动出一条线，在【文件】面板中选择随书附带光盘中的 "Dreamweaver\char11\ 11.6.2-1\index1.html" 文件即可，创建链接，如图 11-97 所示。

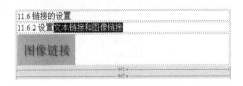

图 11-97　利用【属性】面板中的【指向文件】按钮创建链接

提示　本小节所介绍的主要是创建链接的 3 种方法，因此对这 3 种方法进行介绍时应用了一个场景。

2. 创建锚记链接

创建锚记链接就是先在文档的指定位置设置命名锚记，并给该命名锚记一个唯一的名称以便引用。再通过创建至相应命名锚记的链接，可以实现同一页面或不同页面指定位置的跳转，使访问者能够快速地浏览到选定的位置，加快浏览页面的速度。

步骤① 打开随书附带光盘中 "Dreamweaver\char11\11.6.2-2\index.html" 文件，并将光标放到网页下方 "bottom:" 字符之前，如图 11-98 所示。

步骤② 在下列两种方法中任选一种添加命名锚记。

选择【插入】菜单中的【命名锚记】命令，添加命名锚记，如图 11-99 所示。

图 11-98　设置光标的位置　　　　图 11-99　使用【命名锚记】命令添加命名锚记

使用【常用】插入面板中的【命名锚记】按钮来添加命名锚记，如图 11-100 所示。

步骤③ 在弹出的【命名锚记】对话框中输入一个当前页中唯一的锚记名，在此输入 "bottom"，如图 11-101 所示。

图 11-100　使用【插入】面板添加命名锚记　　　　图 11-101　输入锚记名

步骤④ 单击【确定】按钮，在 bottom 字符前会出现一个【锚记】图标。至此命名锚记已经设置完毕，下面就要为整个命名锚记添加链接。

步骤⑤ 将光标移至网页上方，并将输入表格第 2 行中的 bottom 字符选中，在【属性】面板的【链接】下拉列表中输入 "#bottom"，即输入 "#" 号并输入前面设置的锚记名，如图 11-102 所示。

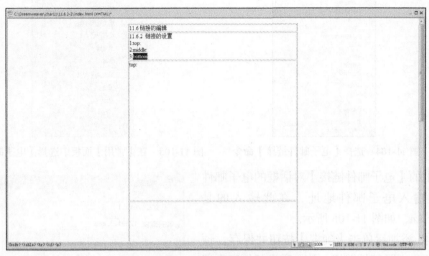

图 11-102　添加命名锚记链接

添加完锚记链接后，按 "Ctrl+S" 组合键将网页保存，再按 F12 键预览。当单击网页上方的 bottom 链接时，网页会立即跳转至网页下方的 bottom 处。

步骤⑥ 以上是在同一个网页内设置锚记链接，如果想单击当前页面中的 middle，让其跳转至 index1.html 中的 middle 处，应该如何做？只要先在 index1.html 页的 middle 处添加命名锚记并修改 index.html 页，然后在【属性】面板的【链接】下拉列表框中将需要跳转的网页名加在命名锚记前就可以了，即将链接改为 "index1.html#middle"。

3. 创建电子邮件链接

电子邮件链接是一种特殊的链接，单击这种链接不会跳转到相应的网页上，而是会启动计算机中相应的 E-mail 程序（一般是 Outlook Express），允许书写电子邮件，发往链接指向的邮箱。

步骤① 打开随书附带光盘中的 "Dreamweaver\char11\11.6.2-3\index.html" 文件，如图 11-103 所示。

图 11-103　打开网页文件

步骤② 假设要给网页中的 "email" 字母添加电子邮件链接，那么就将网页中的 "email" 字母选中。

步骤③ 使用下面两种方法中的一种可添加电子邮件链接。

使用【插入】菜单中的【电子邮件链接】命令添加电子邮件链接，如图 11-104 所示。

使用【常用】插入面板中的【电子邮件链接】按钮可添加电子邮件链接，如图 11-105 所示。

图 11-104　选择【电子邮件链接】命令　　　图 11-105　在【常用】面板中选择【电子邮件链接】

在弹出的【电子邮件链接】对话框的电子邮件文本框中输入电子邮件地址，在此输入的是123@123.com，如图 11-106 所示。

步骤④　添加后单击【确定】按钮并保存。预览时只需单击电子邮件链接，就会弹出邮件客户端（默认是 Outlook Express），即可书写和发送邮件。

图 11-106　输入电子邮件地址

11.7　多媒体文件的编辑

11.7.1　插入 Flash 动画

在网页中可以插入的 Flash 对象有：Flash 动画、Flash 按钮和 Flash 文本等。

在网页中插入 Flash 动画的操作步骤如下。

步骤①　打开随书附带光盘中的"Dreamweaver\char11\11.7.1\index.html"文件，如图 11-107 所示。

图 11-107　打开原始文件

步骤② 将光标置于要插入 Flash 动画的位置，选择【插入】|【媒体】|【SWF】命令，如图 11-108 所示。

步骤③ 打开【选择文件】对话框，并选择相应的 Flash 文件（这里选择随书附带光盘中的 "Dreamweaver\char11\11.7.1\images\qiye.swf" 文件），如图 11-109 所示。

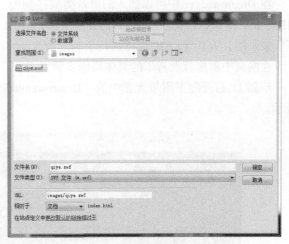

图 11-108　选择插入 Flash 动画文件　　　　　　　图 11-109　选择文件

步骤④ 在弹出的【对象标签辅助功能属性】对话框中设置【标题】为 "qiye.swf"，单击【确定】按钮，如图 11-110 所示。

 在【常用】插入面板中单击【媒体】按钮，在弹出的对话框中选择需要插入的文件即可。

步骤⑤ 确定插入的 Flash 动画，选择【窗口】|【属性】命令，打开【属性】面板，如图 11-111 所示。在 Flash 动画的【属性】面板中可以进行相应的设置。

图 11-110　命名标题　　　　　　　　　　　图 11-111　插入 Flash 后的文档

步骤⑥ 按 F12 键预览网页。

11.7.2 插入声音

在上网时，有时打开一个网站就会响起动听的音乐，这是因为该网页中添加了背景音乐。添加背景音乐需要在【代码】视图中进行。

在 Dreamweaver 中可以插入的声音类型有 MP3、WAV、MIDI、AIF、RA 和 RAM 等。其中 MP3、RA 和 RAM 都是压缩格式的音乐文件；MIDI 是通过电脑软件合成的音乐，其文件较小，不能被录制，WAV 和 AIF 可以进行录制。播放 WAV、AIF 和 MIDI 等文件不需要插件。

在网页中添加背景音乐的具体操作步骤如下。

步骤① 打开随书附带光盘中的"Dreamweaver\char11\11.7.2\index.html"文件，如图 11-112 所示。

图 11-112　打开的文档

步骤② 在【文档】工具栏中单击【代码】按钮，将文档窗口切换到【代码】视图窗口，如图 11-113 所示。

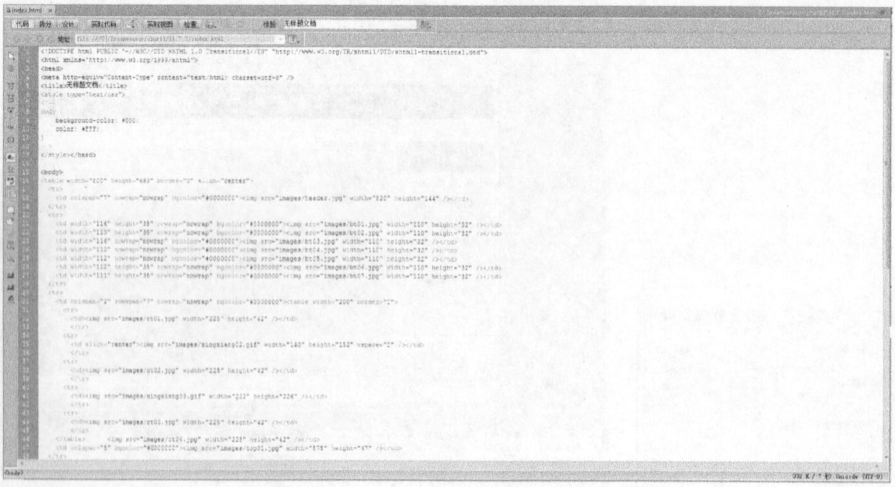

图 11-113　切换到【代码】视窗窗口

步骤③　在\<head\>和\</head\>之间的任意位置添加以下代码：

\<bgsound　src=“images/love.mp3”loop=“−1”\>，其中 src=“images/love.mp3”为设置的背景音乐的路径和文件名。在使用时，可根据要使用的路径和名称来修改该路径，如图 11-114 所示。

图 11-114　插入代码

步骤④　保存文档，按 F12 键，在浏览器中打开网页，就可以听到美妙、动听的音乐了，如图 11-115 所示。

图 11-115　预览网页

习　题

一、填空题

1. 页面属性设置是网页文档中最基本的样式设置，包括_____、_____、_____、_____等。

2. 在 Dreamweaver CS5 中，用户可以通过_____、_____和_____或_____的方式，轻松地将文本插入文档中。

3. 字体样式是指字体的外观显示样式，例如字体的_____、_____、_____等。

项目列表可以分为_____和_____。项目列表也可以嵌套，嵌套项目列表是包含在_____中的项目列表。

4. 在网页中，图像文件有许多种格式，但是在网页中通常使用的只有 3 种，即_____、_____和_____。

5. 链接在本质上属于一个网页的一部分，它是一种允许我们同其他网页或站点之间进行_____的元素。

6. 使用_____路径与链接的源端点无关，只要站点地址不变，无论文档文件在站点中如何移动，都可以正常实现跳转而不会发生错误。

7. 在一个文档中可以创建_____的链接、_____链接、_____链接等几种类型的链接。

8. 举例说明在 Dreamweaver 中可以插入的 3 种声音类型有_____、_____和_____。

二、操作题

1. 完成如图 11-116 所示的文字编排效果。

静夜思

床前明月光，疑似地上霜。
举头望明月，低头思故乡。

图 11-116　效果图

2. 完成如图 11-117 所示的效果。

图 11-117　效果图

第**12**章
布局元素的编辑

12.1　插　入　表　格

表格是网页布局的基本元素之一，也是网页布局的重要工具与常用手段。表格不但可以用来安排网页的整体布局，也可以用来制作简单的图表。通过在网页中插入表格，可以对网页内容进行精确的定位，从而插入其他网页元素，使得网页能够按照设计者的设计方案构建出网页效果。

下面将介绍如何在网页中插入简单的表格。

步骤① 运行 Dreamweaver CS5，新建 HTML 文档，如图 12-1 所示。

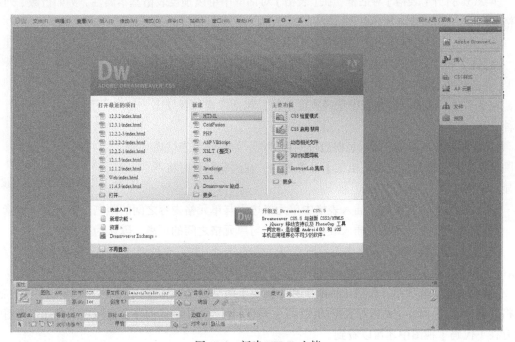

图 12-1　新建 HTML 文档

步骤② 新建文档后，为文档标题命名，并将文档保存。执行以下操作之一，可以完成表格插入。

在菜单栏中选择【插入】|【表格】命令，如图 12-2 所示。

图 12-2　选择【表格】命令

在【常用】插入面板中单击【表格】按钮，如图 12-3 所示。

步骤③　打开【表格】对话框，在【表格】对话框中可以预设表格基本属性，例如行数、列数、表格宽度等，如图 12-4 所示。

在【表格】对话框中各选项的含义如下。

【行数】和【列】文本框：插入表格的行数和列数。

【表格宽度】文本框：插入表格的宽度。在文本框中设置表格宽度，在文本框右侧的下拉列表中选择宽度单位，包括像素和百分比两种。

【边框粗细】文本框：插入表格边框的粗细值。如果应用表格规划网页格式时，通常将【边框粗细】设置为 0，在浏览网页时将不会显示表格。

图 12-3　单击【表格】按钮

【单元格边距】文本框：插入表格中单元格边界与单元格内容之间的距离。默认为 1 像素。

【单元格间距】文本框：插入表格中单元格与单元格之间的距离。默认为 2 像素。

【标题】选项组：插入表格内标题所在单元格的样式。共有 4 种样式可选，包括【无】、【左】、【顶部】和【两者】。

【辅助功能】选项组：包括【标题】和【摘要】两个选项。【标题】是指在表格上方居中显示表格外侧标题。【摘要】是指对表格的说明。【摘要】列表框中的内容不会显示在【设计】视图中，只有在【代码】视图中才可以看到。

步骤④　本例中将表格【行数】设置为 3，【列】设置为 3，【表格宽度】设置为 800 像素，其余选项采用默认数值。设置【标题】为【无】。在【辅助功能】选项组的【标题】文本框中输入表格外标题为"长春工业大学 2013 年应届毕业生统计表"，在【摘要】列表框中输入文字"2013 年应届毕业生统计表"，如图 12-5 所示。

图 12-4 【表格】对话框

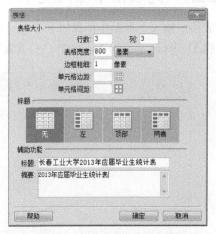

图 12-5 设置【表格】基本属性

步骤⑤ 设置完成后，单击【确定】按钮插入表格，如图 12-6 所示。

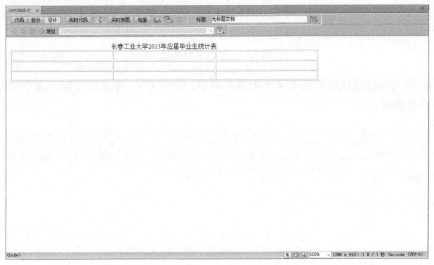

图 12-6 插入表格

步骤⑥ 表格插入完成后，将网页保存。

表格的插入位置是根据光标所在位置决定的，如果光标位于表格或文本中，表格也可以插入光标位置上。

12.2 添加内容到单元格

在制作网页时，可以使用表格来布局页面。表格创建完成后，可以在表格中输入文字，也可以插入图像或其他网页元素。在表格的单元格中还可以再嵌套一个表格，这样就可以使用多个表格来布局页面。

12.2.1　向表格中输入文本

向表格中输入文本操作步骤如下。

步骤① 运行 Dreamweaver CS5，打开素材文件，如图 12-7 所示。

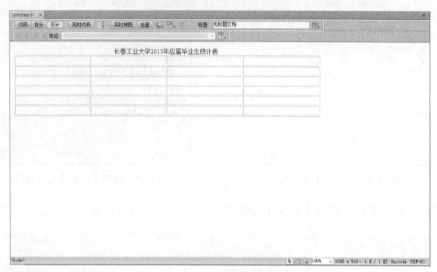

图 12-7　打开素材文件

步骤② 将光标放置在需要输入文本的单元格中，输入文字。单元格在输入文本时可以自动扩展，如图 12-8 所示。

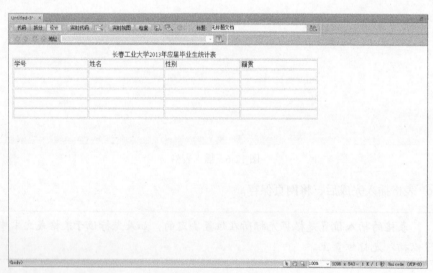

图 12-8　输入文本

步骤③ 输入完成后，将网页保存。

12.2.2　嵌套表格

嵌套表格就是在一个表格的单元格内插入另一个表格。如果嵌套表格的宽度单位为百分比，将受它所在单元格宽度的限制；如果单位为像素，当嵌套表格的宽度大于所在单元格宽度时，单元格宽度将变大。

下面介绍如何嵌套表格。

步骤① 运行 Dreamweaver CS5，打开素材文件，如图 12-9 所示。

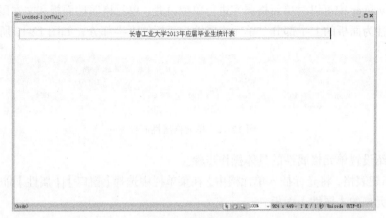

图 12-9 打开素材文件

步骤② 将光标放置在单元格中文本的右侧，在菜单栏中选择【插入】|【表格】命令，打开【表格】对话框。在【表格】对话框中设置表格属性，如图 12-10 所示。

步骤③ 单击【确定】按钮，插入表格，如图 12-11 所示。

图 12-10 设置表格属性

图 12-11 插入表格

步骤④ 表格嵌套完成后，将网页保存。

12.2.3 在单元格中插入图像

在单元格中插入图像的方法与在网页中插入图像的方法基本相同，在此不详细介绍。首先将光标放置在需要插入图像的单元格中，按照在网页中插入图像的方式操作即可。

12.3 设置表格属性

插入表格后，为了使表格和单元格更加适合网页布局设置的需要，也为了使创建的表格更加美观，可以对表格的属性进行设置。

12.3.1　设置单元格属性

在 Dreamweaver 中可以对单元格属性进行单独设置。单元格属性面板和文本属性面板为同一面板，文本属性为面板的上半部分，单元格属性为面板的下半部分，如图 12-12 所示。

图 12-12　单元格属性面板

下面将介绍设置单元格属性的具体操作步骤。

步骤① 新建表格，将光标插入单元格中，在菜单栏中选择【窗口】|【属性】命令，如图 12-13 所示，打开单元格的【属性】面板。

图 12-13　选择【属性】命令

在单元格的【属性】面板中可以对以下参数进行设置。

【合并单元格】按钮 □：单击该按钮，可以将选择的多个单元格合并为一个单元格。

【拆分单元格为行或列】按钮 ：单击该按钮，打开【拆分单元格】对话框，如图 12-14 所示。在对话框中通过选中【行】或【列】单选按钮，并设置行数或列数对单元格进行拆分。需要注意的是，【拆分单元格为行或列】按钮只对某一单元格有效，选择的单元格若多于一个，该按钮将被禁用。

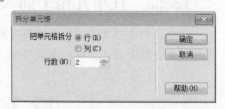

图 12-14　【拆分单元格】对话框

【水平】下拉列表框：指定单元格内容的水平对齐方式。在【水平】下拉列表中可以选择【默认】、【左对齐】、【居中对齐】和【右对齐】4 种对齐方式。常规单元格默认的对齐方式为【左对齐】，标题单元格默认的对齐方式为【居中对齐】。

【垂直】下拉列表框：指定单元格内容的垂直对齐方式。在【垂直】下拉列表中可以选择【默认】、【顶端】、【居中】、【底部】和【基线】5 种对齐方式。默认对齐方式为【居中对齐】。

【宽】和【高】文本框：设置所选单元格的宽度和高度，单位为像素或百分比。如果使用百分比为单位，在输入值后需要加百分比符号%。在默认状态下，单元格的宽和高要根据单元格的内容以及其他列和行的宽度和高度进行确定。

【不换行】复选框：用于设置单元格内容是否换行。选中【不换行】复选框，当输入的内容超过单元格宽度时，单元格会随内容长度的增加而变宽。

【标题】复选框：将所选单元格的格式设置为表格标题单元格。在默认情况下，表格标题单元格的内容为粗体并且居中。

【背景颜色】文本框：设置所选单元格的背景颜色。

步骤② 根据需要对单元格属性进行设置。

12.3.2 设置表格属性

设置表格属性的方法与设置单元格属性的方法大致相同。下面介绍设置表格属性的步骤。

步骤① 新建表格，单击表格边框，在菜单栏中选择【窗口】|【属性】命令，如图 12-15 所示。

图 12-15 选择【窗口】|【属性】命令

步骤② 打开表格【属性】面板，如图 12-16 所示。

图 12-16 表格【属性】面板

在表格【属性】面板中可以对以下参数进行设置。

【表格】下拉列表框：设置表格的名称。

【行】和【列】文本框：设置表格中行和列的数量。

【宽】文本框：设置表格宽度。可以选择宽度单位为像素或百分比。

【填充】文本框：设置单元格内容与单元格边框之间的像素距离。

【间距】文本框：设置相邻的表格单元格之间距离的像素值。

【对齐】下拉列表：设置表格相对于同一段落中的其他元素（如文本或图像）的显示位置。在其下拉列表中可以选择【默认】、【左对齐】、【居中对齐】和【右对齐】4种对齐方式。当选择【默认】对齐方式时，其他内容不会显示在表格旁边。

【边框】文本框：设置表格边框的宽度，单位为像素。

【类】下拉表框：对该表格设置一个CSS类。

【清除列宽】按钮 ：单击该按钮，在表格中删除明确指定的列宽。

【清除行高】按钮 ：单击该按钮，在表格中删除明确指定的行高。

【将表格宽度转换为像素】按钮 ：单击该按钮，将表格宽度设置为以像素为单位的当前宽度。

【将表格宽度转换为百分比】按钮 ：单击该按钮，将表格宽度设置为以百分比为单位的当前宽度。

步骤③ 根据需要对表格属性进行设置。

12.4 表格的基本操作

插入表格后，可以对表格进行选定、剪切、复制等基本操作。

12.4.1 选定表格

选择表格时，可以选择整个表格、表格的行和列，也可以选择单个或者多个单元格。

1. 选择整个表格

执行以下操作之一，可以完成表格的选择。

将鼠标移动到表格上，当鼠标指针显示为 时单击，如图12-17所示。

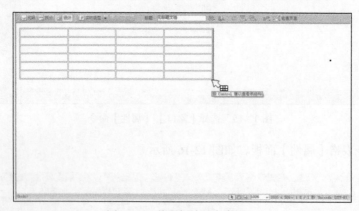

图12-17 将鼠标放置在表格上

单击表格任意边框线，如图12-18所示。

将光标置于任意单元格中，在菜单栏中选择【修改】|【表格】|【选择表格】命令，如图12-19所示。

将光标置于任意单元格中，在文档窗口状态栏的标签选择器中选择table标签，如图12-20所示。

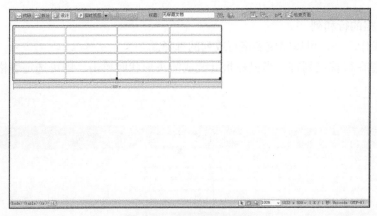

图 12-18　单击表格边框线

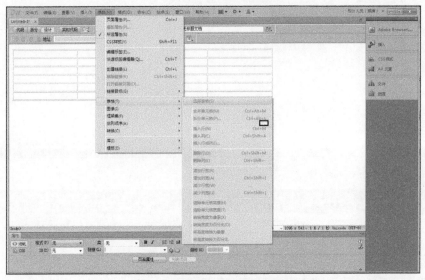

图 12-19　选择【选择表格】命令

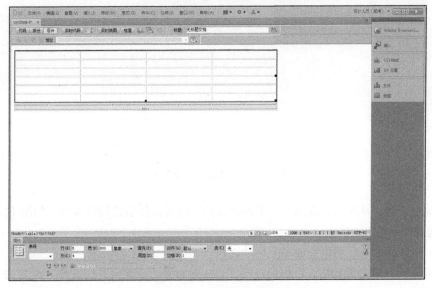

图 12-20　选择 table 标签

2. 选择表格的行和列

执行以下操作之一，可以完成表格行或列的选择。

将鼠标放置在行首或列首，当鼠标指针变成箭头形状时单击，即可选定表格的行或列，如图 12-21 所示。

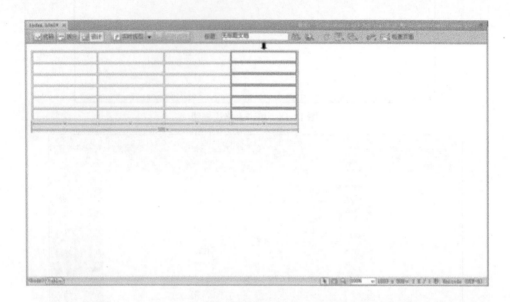

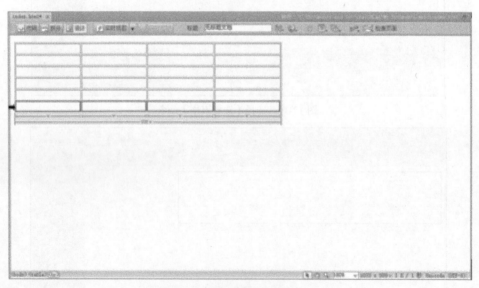

图 12-21　选择表格的行或列（1）

按住鼠标左键，从左至右或从上至下拖动鼠标，即可选择表格的行或列，如图 12-22 所示。

3. 选择单元格

执行以下操作之一，可以完成单元格的选择。

按住 Ctrl 键，单击单元格。可以通过按住 Ctrl 键对多个单元格进行选择，如图 12-23 所示。

按住鼠标左键并拖动，即可选择单个单元格，也可以选择连续单元格，如图 12-24 所示。

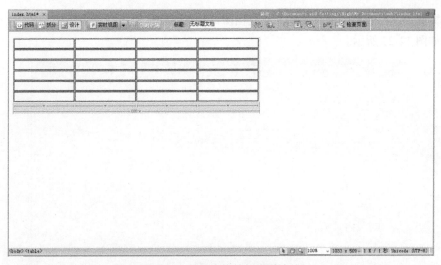

图 12-22　选择表格的行或列（2）

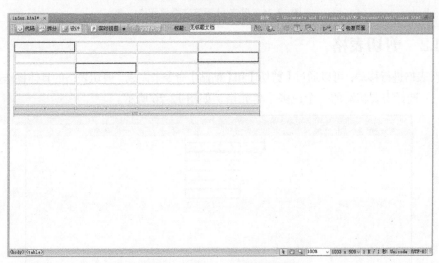

图 12-23　按住 Ctrl 键选择单元格

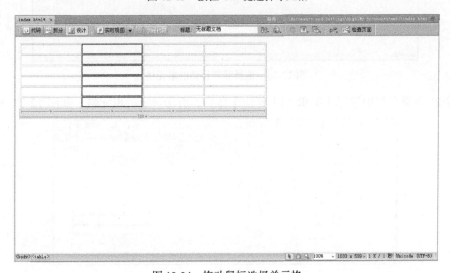

图 12-24　拖动鼠标选择单元格

将光标放置在要选择的单元格中，在文档窗口状态栏的标签选择器中单击 td 标签，可选定该单元格，如图 12-25 所示。

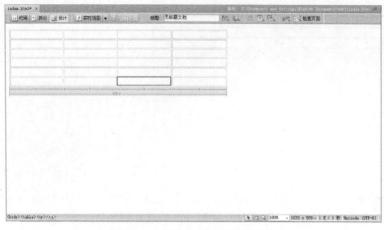

图 12-25　单击 td 标签选择单元格

12.4.2　剪切表格

若要对表格进行移动，可以通过【剪切】和【粘贴】命令来完成，剪切表格的具体操作步骤如下。

步骤① 选择需要移动的一个或多个单元格，如图 12-26 所示。

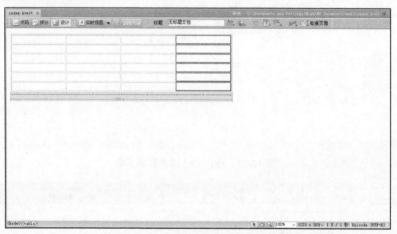

图 12-26　选择需要移动的单元格

步骤② 在菜单栏中选择【编辑】|【剪切】命令，剪切选定的单元格，如图 12-27 所示。

图 12-27　选择【剪切】命令

步骤③ 剪切完成后，将光标放置在表格右侧，在菜单栏中选择【编辑】|【粘贴】命令，如图 12-28 所示。

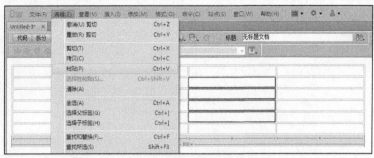

图 12-28 选择【粘贴】命令

步骤④ 粘贴完成后，表格移动完成，如图 12-29 所示。

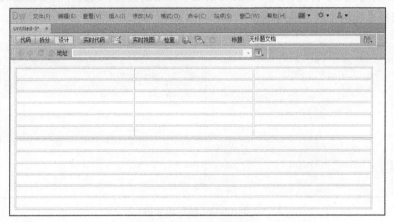

图 12-29 表格移动完成

 剪切多个单元格时，所选的连续单元格必须为矩形。如本例所示，对表格整个行或列进行剪切，则会将整个行或列从原来表格中删除，而不仅仅是剪切单元格内容。

12.4.3 复制表格

在表格中可以复制、粘贴一个单元格或多个单元格且保留单元格的格式。复制表格的具体操作步骤如下。

步骤① 选择需要复制的单元格，如图 12-30 所示。

图 12-30 选择需要复制的单元格

步骤② 在菜单栏中选择【编辑】|【拷贝】命令，复制选定的单元格，如图 12-31 所示。

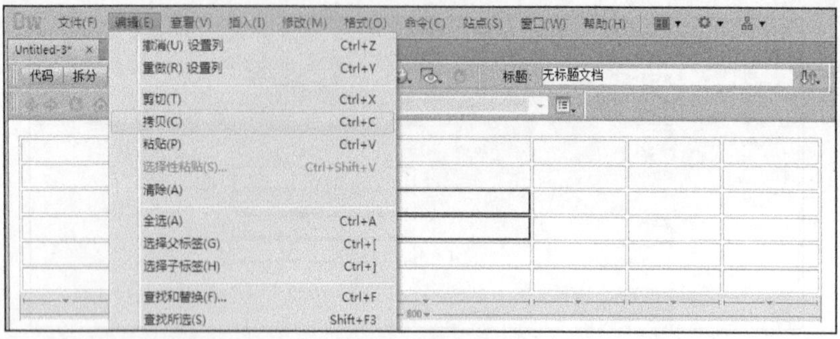

图 12-31 复制单元格

步骤③ 复制完成后，将光标放置在需要粘贴单元格的位置，或选择需要粘贴的单元格。然后在菜单栏中选择【编辑】|【粘贴】命令，如图 12-32 所示。

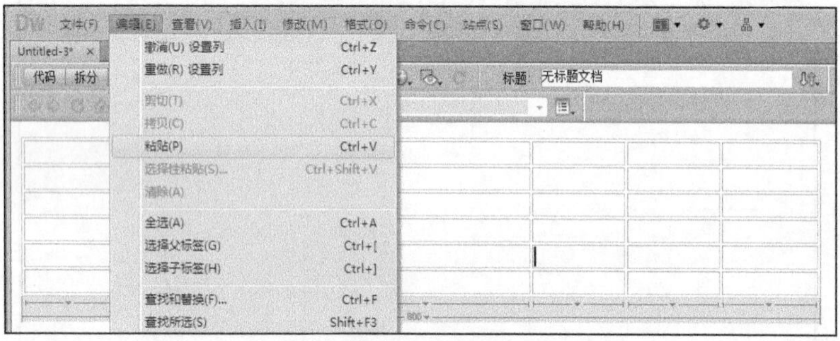

图 12-32 粘贴单元格

步骤④ 粘贴完成后，表格复制完成，如图 12-33 所示。

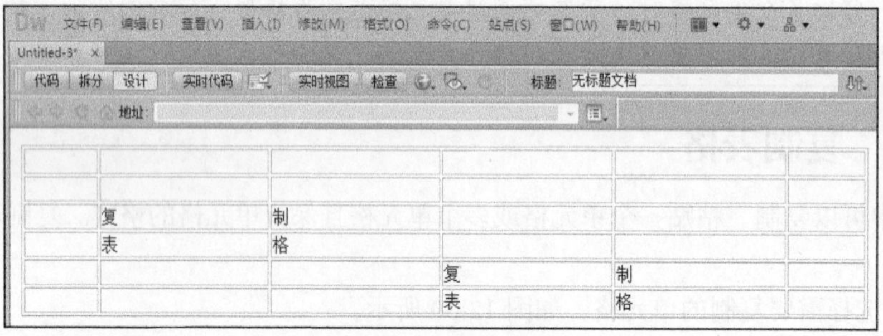

图 12-33 表格复制完成

12.4.4 插入行或列

若要在表格中插入行或列，可执行以下操作之一。

将光标放置在单元格中，右键单击，在弹出的快捷菜单中选择【表格】|【插入行】或【插入列】命令。在插入点上方或左侧会插入行或列，如图 12-34 所示。

将光标放置在单元格中，在菜单栏中选择【修改】|【表格】|【插入行】或【插入列】命令。在插入点上方或左侧会插入行或列，如图 12-35 所示。

图 12-34 插入行或列

图 12-35 【插入行】或【插入列】命令

在快捷菜单中选择【插入行或列】命令，弹出【插入行或列】对话框。在该对话框中可以选中【行】或【列】单选按钮，设置插入的行数或列数以及插入位置，如图 12-36 所示。

单击列标题菜单，根据需要在快捷菜单中选择【左侧插入列】或【右侧插入列】命令。

图 12-36 【插入行或列】对话框

提示

将光标放置在表格最后一个单元格中，按 Tab 键会自动在表格中添加一行。

12.4.5 删除行或列

要在表格中删除行或列，可执行以下操作之一。

将光标放置在要删除的行或列中的任意单元格中右键单击，在弹出的快捷菜单中选择【表格】|【删除行】或【删除列】命令，如图 12-37 所示。

图 12-37 选择【删除行】或【删除列】命令

将光标放置在要删除的行或列中的任意单元格中，在菜单栏中选择【修改】|【表格】|【删除行】或【删除列】命令。

选择要删除的行或列，按 Delete 键可以直接删除。

提示　使用 Delete 键删除行或列时，可以删除多行或多列，但不能删除所有行或列。

12.4.6　合并单元格

合并单元格时，所选择的单元格区域必须为连续的矩形，否则无法合并。合并单元格的具体操作步骤如下。

步骤① 在文档窗口中，选择需要合并的单元格，如图 12-38 所示。

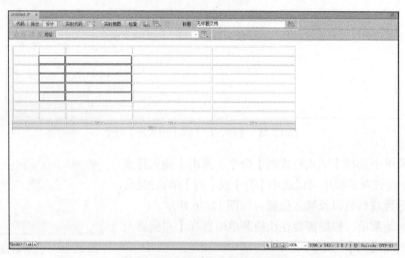

图 12-38　选择需要合并的单元格

步骤② 执行以下操作之一，可以完成单元格的合并。

在所选单元格中右键单击，在弹出的快捷菜单中选择【表格】|【合并单元格】命令。

在菜单栏中选择【修改】|【表格】|【合并单元格】命令，如图 12-39 所示。

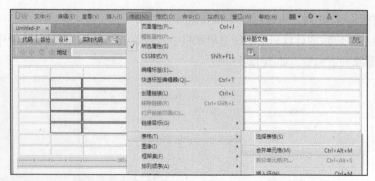

图 12-39　选择菜单栏中的【合并单元格】命令

在【属性】面板中单击【合并单元格】按钮□，合并单元格，如图 12-40 所示。

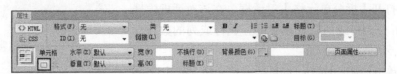

图 12-40 单击【合并单元格】按钮

 合并单元格后，单个单元格内容将放置在最终合并的单元格中。所选的第一个单元格的属性将应用于合并的单元格中。

12.4.7 拆分单元格

拆分单元格时，可以将单元格拆分为行或列。拆分单元格的具体操作步骤如下。

步骤① 将光标放置在需要拆分的单元格中。

步骤② 执行以下操作之一，可以完成单元格的拆分。

选中单元格后右键单击，在弹出的快捷菜单中选择【表格】|【拆分单元格】命令，如图 12-41 所示。

图 12-41 选择快捷菜单中的【拆分单元格】命令

在菜单栏中选择【修改】|【表格】|【拆分单元格】命令，如图 12-42 所示。

图 12-42 选择菜单栏中的【拆分单元格】命令

在【属性】面板中单击【拆分单元格为行或列】按钮 ，如图 12-43 所示。

图 12-43 单击【拆分单元格为行或列】按钮

步骤③ 打开【拆分单元格】对话框，在该对话框中选择把单元格拆分为行或列以及设置拆分成行或列的数目，如图 12-44 所示。

步骤④ 单击【确定】按钮，即可拆分单元格，如图 12-45 所示。

图 12-44 【拆分单元格】对话框

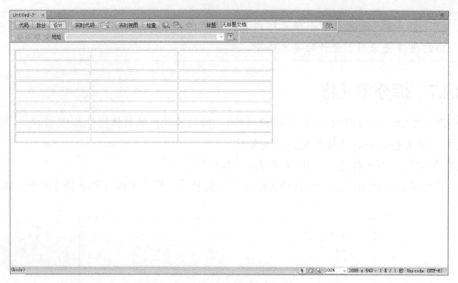

图 12-45 拆分单元格

12.4.8 调整表格大小

表格创建完成后，可以根据需要调整表格或表格的行、列的宽度和高度。当调整整个表格的大小时，表格中的所有单元格将按照比例更改大小。如果表格的单元格指定了明确的宽度或高度，则调整表格大小将更改文档窗口中单元格的可视大小，但不更改这些单元格的指定宽度和高度。

1. 调整整个表格的大小

选择表格，拖动表格右侧、底部或右下的选择柄，可对表格的宽度和高度进行调整，如图 12-46 所示。

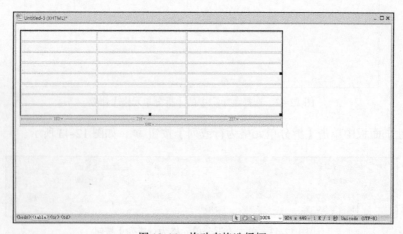

图 12-46 拖动表格选择柄

在【属性】面板的【宽】文本框中输入数值，调整表格宽度，如图 12-47 所示。

图 12-47　利用【属性】面板调整表格的宽度

2. 调整行高或列宽

拖动需要调整行的下边框，对行高进行调整。

拖动需要调整列的右边框，对列宽进行调整。

　直接拖动边框调整列宽时，相邻列的宽度也将更改，表格宽度不会随之改变。拖动边框时按住 Shift 键，保持其他列宽不变，表格的宽度会随着列宽的改变而改变。

12.4.9　表格的排序

表格的排序功能主要是针对具有格式数据的表格，是根据表格列表中的内容来排序的，具体的操作步骤如下。

步骤① 选择表格，或将光标置于任意单元格中。在菜单栏中选择【命令】|【排序表格】命令，如图 12-48 所示。

图 12-48　选择【排序表格】命令

步骤② 打开【排序表格】对话框，在该对话框中设置排序选项，如图 12-49 所示。

在【排序表格】对话框中可以对以下选项进行设置。

【排序按】下拉列表框：确定根据哪个列的值对表格进行排序。

【顺序】下拉列表框：可以选择【按字母顺序】和【按数字顺序】两种排序方式，以及是以【升序】还是以【降序】进行排序。

【再按】下拉列表框：确定将在另一列上应用的第二种排序方法。

【顺序】下拉列表框：选择第二种排序方法的排序顺序。

【排序包含第一行】复选框：指定将表格的第一行包括在排序中。如果第一行是不应移动的标题，则不选中此复选框。

【排序标题行】复选框：指定使用与标题行相同的条件对表格的标题头部分中的所有行进行排序。

【排序脚注行】复选框：指定使用与标题行相同的条件对表格的标题尾部分中的所有行进行排序。

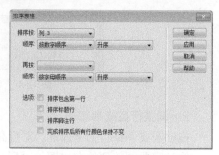

图 12-49　【排序表格】对话框

【完成排序后所有行颜色保持不变】复选框：指定排序之后表格的行属性（如颜色）应该与同一内容保持关联。如果表格的行使用两种交替的颜色，则不要选择此复选框，以确保排序后的表格仍具有颜色交替的行。如果行属性特定于每行的内容，则选择此复选框，以确保这些属性保持与排序后表格中正确的行关联在一起。

步骤③ 设置完成后，单击【确定】按钮，完成表格的排序，如图 12-50 所示。

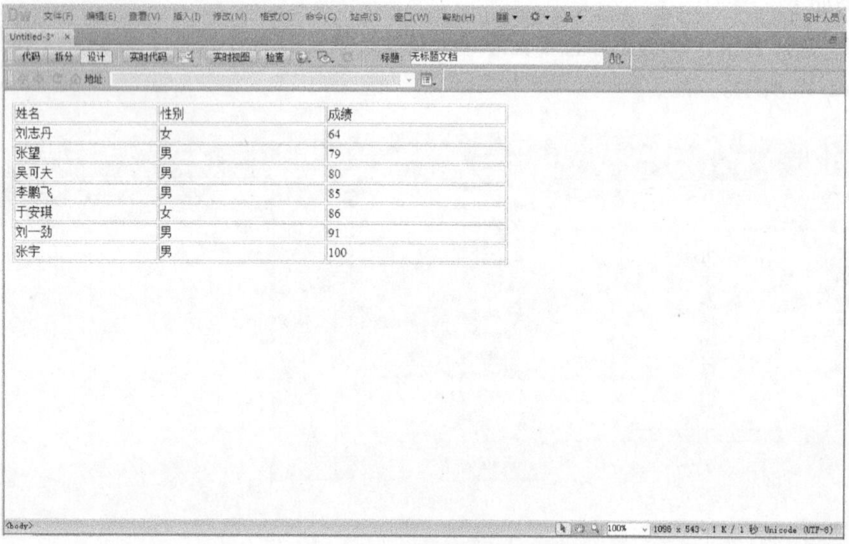

图 12-50　排序后的表格

12.5　框架结构概述

在网页设计中，使用框架的最常见用途是导航。一组框架通常包括一个含有导航条的框架和另一个要显示主要内容页面的框架。在许多情况下，可以创建没有框架的 Web 页，它可以达到一组框架所能达到的同样效果。例如，如果使用者想让导航条显示在页面的右侧，则既可以用一组框架代替页面，也可以只是在站点中的每一页上包含该导航条。

框架主要用于在一个浏览器窗口中显示多个 HTML 文档的内容，通过构建这些文档之间的相互关系，实现文档导航、浏览以及操作等目的。框架技术主要通过两种元素来实现：框架集（Frameset）和单个框架（Frames）。

所谓框架集，顾名思义，就是框架的集合。框架集实际上是一个页面，用于定义在一个文档窗口中显示多个文档框架结构的 HTML 网页。

框架集定义了一个文档窗口中显示网页的框架数、框架的大小、载入框架的网页和其他可定义的属性等。一般来说，框架集文档中的内容不会显示在浏览器中。可以将框架集看成是一个容纳和组织多个文档的容器。

单个框架是指在框架集中被组织和显示的一个文档。框架是浏览器窗口中的一个区域，它可以显示与浏览器窗口其余部分中显示内容无关的 HTML 文档。

框架网页的特点如下。

（1）可以很好地保持网站风格统一。由于框架页面中导航部分是同一网页，因此整体风格统一。

（2）便于浏览者访问。框架网页中导航部分是固定的，不需要滚动条，便于浏览者访问。

（3）可以提高网页的制作效率。可以把每个网页都用到的公共内容制作成一个或多个单独的网页，作为框架网页的一个框架页面，这样就不需要在每个页面中重新输入这个公共部分的内容了，可以节省时间，提高效率。

（4）方便更新、维护网站。在更新网站时，只需修改公共部分的框架内容，使用这个框架内容的文档就会自动更新，从而完成整个网站的更新修改。

（5）框架在网站的首页中比较常见。在一个页面中，可以使用框架的嵌套来实现网页设计中的多种需求。可以对框架设置边框的颜色，可以随意地设置框架的链接和跳转功能，还可以设置框架的行为，从而制作更加复杂的页面。

12.6　框架的创建

Dreamweaver CS5 在【插入】面板中提供了 13 种框架集，只需单击就可以创建框架和框架集。

12.6.1　创建预定义的框架集

使用预定义的框架集可以轻松地选择想要创建的框架集。选择【窗口】|【插入】命令，打开【插入】面板，单击【布局】插入面板中【顶部和嵌套的左侧框架】按钮□右侧的下三角按钮，在弹出的菜单中可以看到预定义的框架样式，如图 12-51 所示。框架集图标提供了可应用于当前文档的每个框架集的可视化表示形式，蓝色区域表示当前文档，白色区域表示将显示其他文档的框架。

创建预定义框架集的具体操作步骤如下。

步骤① 选择【文件】|【新建】命令，弹出【新建文档】对话框，如图 12-52 所示。

步骤② 在【新建文档】对话框中选择【示例中的页】选项卡，在【示例文件夹】列表框中选择【框架页】选项，在【示例页】列表框中选择【上方固定、左侧嵌套】选项，如图 12-53 所示。

步骤③ 单击【创建】按钮，即可创建一个【上方固定，左侧嵌套】的框架集，如图 12-54 所示。

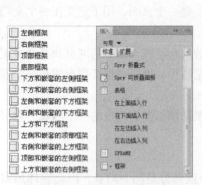

图 12-51　显示预定义的框架样式

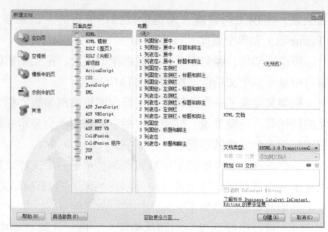

图 12-52　【新建文档】对话框

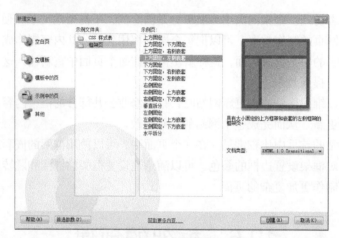

图 12-53　选择框架

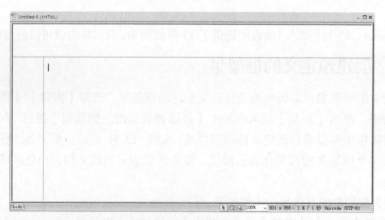

图 12-54　创建框架集

也可以使用下列方法创建框架集。

步骤① 选择【插入】|HTML|【框架】子菜单中预定义的框架集，如图 12-55 所示。

步骤② 单击【布局】插入面板中的【框架】按钮右侧的下拉三角按钮，在弹出的菜单中选择预定义的框架集。

步骤③ 当框架集出现在文档中时，如果在【首选参数】中弹出【框架标签辅助功能属性】对话框，那么将出现该对话框，如图 12-56 所示，用户就可以对每个框架进行此对话框操作，然后单击【确定】按钮即可。

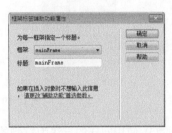

图 12-55　选择框架　　　　　　　　图 12-56　【框架标签辅助功能属性】对话框

提示

当用户应用框架集时，Dreamweaver 将自动设置该框架集，以便某一框架中显示当前文档(插入点所在的文档)。

12.6.2　向框架中添加内容

框架创建好以后，就可以往里面添加内容了。每个框架都是一个文档，可以直接向框架中添加内容，也可以在框架中打开已经存在的文档，具体操作步骤如下。

步骤① 将光标置于顶部框架中，选择【修改】|【页面属性】命令，弹出【页面属性】对话框。在该对话框中，将【左边距】和【上边距】都设置为 0 像素，单击【确定】按钮，即可设置页面靠左侧和顶部，如图 12-57 所示。

步骤② 选择【插入】|【表格】命令，在顶部框架中插入 1 行 1 列的表格，如图 12-58 所示。

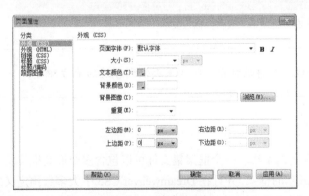

图 12-57　设置页面属性　　　　　　　　图 12-58　插入 1 行 1 列的表格

步骤③ 在菜单栏中选择【插入】|【图像】命令，在弹出的【选择图像源文件】对话框中选择随书附带光盘中的"Dreamweaver\char12\12.6.2\images\Top.jpg"文件，在单元格中插入图像。

步骤④ 将光标置于左侧框架中，选择【修改】|【页面属性】命令，在弹出的【页面属性】对话框中将【左边距】和【上边距】都设置为 0 像素，单击【确定】按钮；接着在左侧的框架中插入表格，并在表格中插入文本，如图 12-59 所示。

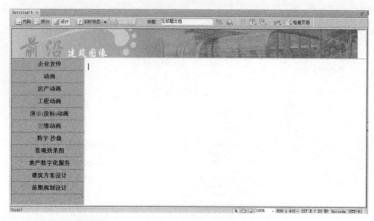

图 12-59 向左侧框架插入表格并插入文本

步骤⑤ 使用同样的方法为右侧的框架设置【页面属性】，为框架添加表格，在表格中插入随书附带光盘中的"Dreamweaver\char12\12.2.2\images\guanggao.swf"文件，并在表格中输入一些相关信息，如图 12-60 所示。

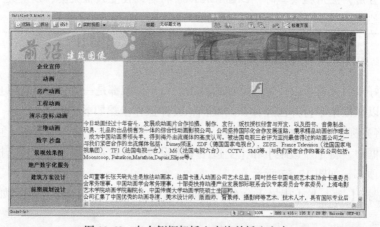

图 12-60 向右侧框架插入表格并插入文本

在插入 SWF 文件时，会出现一个存储提示，将效果存储到合适的地方即可。

12.6.3 创建嵌套框架集

在一个框架集之内的框架集被称作嵌套框架集。一个框架集文件可以包含多个嵌套框架集。大多数使用框架的 Web 页实际上都使用嵌套的框架，并且在 Dreamweaver CS5 中大多数预定义的框架集也使用嵌套。如果在一组框架中不同行或不同列中有不同数目的框架，则要求使用嵌套框架集。创建框架集的具体操作步骤如下。

步骤① 将光标定位于要插入的框架集的框架中。

步骤② 选择【修改】|【框架集】|【拆分左框架】、【拆分右框架】、【拆分上框架】或【拆分下框架】等命令，如图 12-61 所示；或在【布局】插入面板中单击【框架】按钮，如图 12-62 所示；或选择【插入】|HTML|【框架】命令，再在菜单中选择一种框架集类型，如图 12-63 所示。

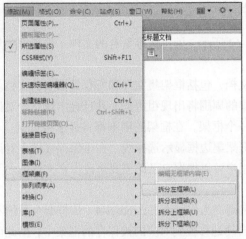

图 12-61　【框架集】命令

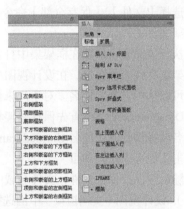

图 12-62　【框架集】列表按钮

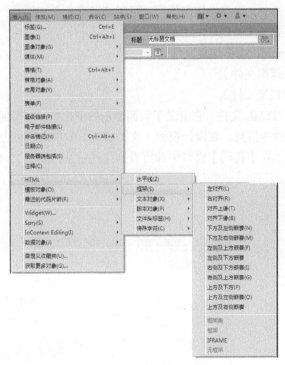

图 12-63　【框架】命令

提示　　在设计视图文档窗口中选定框架后，按住鼠标左键拖动框架的边框，可以垂直或水平拆分框架。

12.7 保存框架和框架文件

在浏览器中预览框架集之前，必须保存框架集文件以及在框架中显示的所有文档。

12.7.1 保存所有的框架集文件

选择【文件】|【保存全部】命令，如图 12-64 所示，即可保存所有的文件（包括框架集文件及框架文件）。

执行该命令将保存在框架集中打开的所有文档，包括框架集文件和所有带框架的文档。如果该框架集文件未保存过，在设计视图中的框架集的周围将出现粗边框，并且会出现一个对话框，用户可以从中选择文件名。对于尚未保存的每一个框架，在框架的周围都将显示粗边框。

Dreamweaver CS5 首先保存框架集文件，框架集边框显示选择线，在【保存文件】对话框的文件名域提供临时文件名 UntitledFrameset-1，用户可以根据自己的需要修改保存文件的名字，然后单击【保存】按钮即可。

随后则保存框架文件，文件名域中的文件名则变为 UntitledFrameset-4（依框架个数的不同而不同），设计视图（文档窗口）中的选择线也会自动地移位到对应的被保存的框架中，据此可以知道正在保存的是哪一个框架文件，然后单击【保存】按钮，直到所有的文件都保存完为止。

在上一节介绍的实例中，保存操作完毕后，可得到以下 4 个文件。

Untitled-1.html（主框架文件）。

UntitledFrameset-2.html（主框架集文件）。

Untitled-3.html（左框架文件）。

Untitled-2.html（顶框架文件）。

框架集文件是一个 HTML 文件，它定义了页面显示的框架数、框架的大小、载入框架的源文件以及其他可定义的属性等信息。在设计视图（文档窗口）中单击框架边框选择框架集之后，选择组合视图或代码视窗，在【代码】窗口中即可看到这些信息，如图 12-65 所示。

图 12-64 选择【保存全部】命令

图 12-65 查看代码

框架文件（Untitled-1.html、UntitledFrameset-3.html 和 UntitledFrame-2.html）实际上是在框架内打开的网页文件，只不过在新建时主体部分（<body>...</body>）不包括任何内容，是一个 "空" 文件。

从框架集文件的框架定义中可以看到：顶框架（topFrame）的源文件（即在框架内打开的网页文件）是 UntitledFrame-2.html（顶框架文件），左框架（leftFrame）的源文件是 UntitledFrame-3.html，主框架（mainFrame）的源文件是 UntitledFrameset-2.html。

12.7.2　保存框架集文件

在【框架】面板或文档窗口中选择框架集，可执行下列操作之一。

要保存框架集文件，可选择【文件】|【保存框架页】命令。

要将框架集文件另存为新文件，可选择【文件】|【框架集另存为】命令。

如果以前没有保存过该框架集文件，这两个命令是等效的。

12.7.3　保存框架文件

在【框架】面板或文档窗口中选择框架，可执行下列操作之一。

要保存框架文件，可选择【文件】|【保存框架】命令。

要将框架文件另存为新文件，可选择【文件】|【框架另存为】命令。

12.8　选择框架和框架集

选择框架和框架集是对框架页面进行设置的第一步，之后才能对框架和框架集进行重命名和设置属性等操作。

12.8.1　认识【框架】面板

框架和框架集是单个 HTML 文档。要修改框架或框架集，首先应选择要修改的框架或框架集，可以在设计视图窗口中使用【框架】面板来选择框架或框架集。

选择【窗口】|【框架】命令，打开【框架】面板，如图 12-66 所示。

图 12-66　【框架】面板

12.8.2　在【框架】面板中选择框架或框架集

在【框架】面板中单击要选择的框架，即可选中该框架。当一个框架被选中时，它的边框则带有虚线轮廓，如图 12-67 所示。

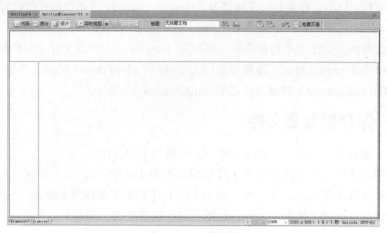

图 12-67　选择框架

12.8.3　在【文档】窗口中选择框架或框架集

在设计视图中单击某个框架的边框，可以选择该框架所属的框架集。当一个框架集被选中时，框架集内的所有框架的边框都会带有虚线轮廓。

要将选择转移到另一个框架，可以执行以下操作之一。

按 Alt 键和左（或右）箭头键，可将选择转移到下一个框架。

按 Alt 键和上箭头键，可将选择转移到父框架。

按 Alt 键和下箭头键，可将选择转移到子框架。

12.9　设置框架和框架集属性

每个框架和框架集都有自己的【属性】面板，使用【属性】面板可以设置框架和框架集的属性。

在一个页面中，可以使用框架的嵌套实现网页设计中的多种需求。

通过对框架和框架集属性的设置，可以完成对框架名称、框架源文件、边框颜色、边界宽度和边界高度等属性的设置。

12.9.1　设置框架属性

框架是框架集的组成部分，可以通过【属性】面板来设置框架的属性。

在文档窗口的设计视图中，按住 Alt 键不放，单击一个框架，可以选择一个框架，如图 12-68 所示。也可以在【框架】面板中单击选择框架，如图 12-69 所示。

选择【窗口】|【属性】命令，打开【属性】面板。在框架的【属性】面板中可以进行以下设置。

【框架名称】文本框：是链接的目标属性或脚本在引用该框架时所用的名称。框架名称必须是单个词；允许使用下划线（_），但不允许使用连字符（-）、句点（.）和空格。框架名称必须以字母起始（而不能以数字起始），且框架名称区分大小写。不要使用 JavaScript 中的保留字（例如 right 或 top）作为框架名称。

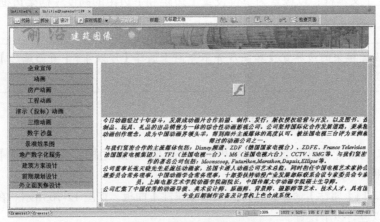

图 12-68 按住 Alt 键选择框架

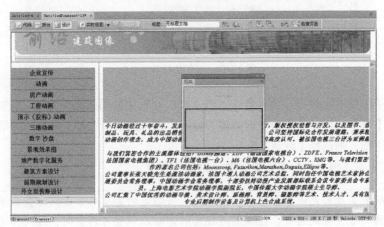

图 12-69 使用【框架】面板选择框架

【源文件】文本框：指定在框架中显示的源文档。单击【文件夹】图标可以浏览文件，然后从中选择一个文件。

【滚动】下拉列表框：指定在框架中是否显示滚动条。将此选项设置为【默认】，将不设置相应属性的值，从而使各个浏览器使用其默认值。大多数浏览器默认为【自动】，即只有在浏览器窗口中没有足够的空间来显示当前框架的完整内容时才显示滚动条。

【不能调整大小】复选框：让访问者无法通过拖动框架边框在浏览器中调整框架大小。

【边框】下拉列表框：在浏览器中查看框架时显示或隐藏当前框架的边框。为框架设置【边框】选项，将覆盖框架集的边框设置。【边框】下拉列表中有 3 个选项：【是】为显示边框，【否】为隐藏边框，【默认】。大多数浏览器默认为显示边框，除非父框架集已将【边框】设置为【否】。只有当共享该边框的所有框架都将【边框】设置为【否】时，或者当父框架集的【边框】属性设置为【否】并且该共享边框的框架都将【边框】设置为【默认】时，边框才是隐藏的。

【边框颜色】文本框：为所有框架集的边框设置边框颜色。此颜色应用于和框架接触的所有边框，并且重写框架集的指定边框颜色。用户可以根据需要设置以下的边界选项。

　　【边界宽度】文本框：以像素为单位设置左边距和右边距的宽度（框架边框和内容之间的空间）。

　　【边界高度】文本框：以像素为单位设置上边距和下边距的高度（框架边框和内容之间的空间）。

提示　　设置框架的边界宽度和高度并不等同于选择【修改】|【页面属性】命令，在弹出的【页面属性】对话框中设置边距。

12.9.2　设置框架集属性

　　在文档窗口的设计视图中单击框架集中的两个框架之间的边框，或在【框架】面板中单击围绕框架集的边框，可以选择一个框架集。

　　选择【窗口】|【属性】命令，打开框架集【属性】面板，如图 12-70 所示。在框架集的【属性】面板中可以进行以下设置。

图 12-70　框架集属性面板

　　【边框】下拉列表框：确定在浏览器中查看文档时在框架的周围是否应显示边框。如果要显示边框，则选择【是】选项；如果要使浏览器不显示边框，则选择【否】选项；如果允许浏览器来确定如何显示边框，则选择【默认】选项。

　　【边框宽度】文本框：指定框架集中所有边框的宽度。

提示　　所有宽度都是以像素为单位指定的。若指定的宽度对于访问者查看框架集所使用的浏览器而言太宽或太窄，框架集将按比例伸缩以调整可用空间，这同样适用于以像素为单位指定的高度。

　　【边框颜色】文本框：用于设置边框的颜色。可以使用颜色选择器选择一种颜色，或输入颜色的十六进制值。

　　【值】文本框：若要设置选定框架集的各行和各列的框架大小，可以单击【行列选定范围】区域左侧或顶部的选项卡，然后在【值】文本框中输入高度或宽度。

　　【单位】下拉列表：用来指定浏览器分配给每个框架的空间大小，包括以下 3 个选项。

　　【像素】：将选定列或行的大小设置为一个绝对值。对于应始终保持相同大小的框架（例如导航条）而言，此选项是最佳选择。在为以【百分比】或【相对】值指定大小的框架分配空间之前，为以【像素】为单位指定大小的框架分配空间。设置框架大小的最常用方法是将左侧框架设置为固定像素宽度，将右侧框架大小设置为相对大小，这样在分配像素宽度后，就能够使右侧框架伸展以占据所有的剩余空间。

　　【百分比】：指定选定列或行应相当于其框架集的总宽度或总高度的百分比。以【百分比】为单位的框架分配空间是在以【像素】为单位的框架之后，但在将单位设置为【相对】的框架之前。

【相对】：指定在为【像素】和【百分比】框架分配空间之后，为选定列或行分配其余可用的空间，剩余的空间在大小设置为【相对】的框架中按比例划分。

　　　　当从【单位】下拉列表中选择【相对】选项时，用户在【值】域中输入的所有数字均消失；如果用户想要指定一个数字，则必须重新输入。如果只有一行或一列设置为【相对】，则不需要输入数字。因为该行或列在其他行和列已分配空间后将接受所有的剩余空间。为了确保跨浏览器的兼容性，可以在【值】字段中输入，这等效于不输入任何值。

12.9.3　改变框架的背景颜色

改变框架的背景颜色的具体操作步骤如下。

步骤① 将插入点放置在框架中。

步骤② 选择【修改】|【页面属性】命令，弹出【页面属性】对话框。

步骤③ 单击【背景颜色】按钮，在弹出的颜色选择器中选择两种颜色，然后单击【确定】按钮即可。

框架和框架集是单个 HTML 文档，要修改框架和框架集，要先在文档窗口或【框架】面板中选择框架和框架集。

12.10　AP Div 和【AP 元素】面板

12.10.1　AP Div 概述

AP 元素（绝对定位元素）是分配有绝对位置的 HTML 页面元素，具体地说，就是 Div 标签或其他任何标签。AP Div 中可以包含 HTML 文档中的任何元素，例如文本、图像、表单和插件，甚至还可以包括其他 AP Div。

AP Div 最主要的特性是可以在网页内容之上或之下浮动。也就是说，可以在网页上任意改变 AP Div 的位置，以实现对 AP Div 的精确定位。如果要实现网页内容的精确定位，最有效的办法就是将它放置在 AP Div 中，然后在页面中精确定位 AP Div 的位置。

AP Div 还有一些重要的特性，例如，AP Div 可以重叠，在网页中实现文档内容重叠的效果；AP Div 可以显示或隐藏，通过利用程序在网页中控制 AP Div 的显示或隐藏，实现 AP Div 内容的动态交替显示及一些特殊的显示效果。通过将 AP Div 与时间轴完美结合，可以轻松地创建出极具动态效果的动画页面。

12.10.2　【AP 元素】面板

在 Dreamweaver 中，有个与 AP Div 相关的面板——【AP 元素】面板。在【AP 元素】面板中可以方便地对所创建的 AP Div 进行各种操作。

使用【AP 元素】面板，可以防止 AP Div 重叠，更改 AP Div 的可见性，将 AP Div 嵌套或重叠，以及选择一个或多个 AP Div 等。

在菜单栏中选择【窗口】|【AP 元素】命令，打开【AP 元素面板】，如图 12-71 所示。

【AP 元素】面板分为 3 栏，左侧为【眼睛】标记 ，单击该标记可以更改所有的 AP Div 的可见性；中间显示 AP Div 的名称；右侧为 AP Div 在 Z 轴的排列，如图 12-72 所示。

图 12-71　选择【AP 元素】命令　　　　图 12-72　【AP 元素】面板

在【AP 元素】面板中，AP Div 以堆叠的名称列表形式显示。先建立的 AP Div 位于列表的底部，最后建立的 AP Div 位于列表的顶部。

12.10.3　创建 AP Div

下面将介绍创建 AP Div 的具体操作。执行以下操作之一，可以完成 AP Div 的创建。

步骤① 将光标放置在需要插入 AP Div 的位置，在菜单栏中选择【插入】|【布局对象】|AP Div 命令，如图 12-73 所示。

步骤② 在【布局】插入面板中拖动【绘制 AP Div】按钮到文档窗口中，如图 12-74 所示。

图 12-73　选择 AP Div 命令　　　　图 12-74　拖动【绘制 AP Div】按钮

步骤③ 在【布局】插入面板中单击【绘制 AP Div】按钮，在文档窗口中拖动鼠标绘制 AP Div，如图 12-75 所示。

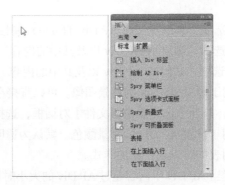

图 12-75　绘制 AP Div

提示

要连续绘制多个 AP Div，单击【布局】插入面板的【标准】选项卡中的【绘制 AP Div】按钮后，按住 Ctrl 键的同时在文档窗口中进行绘制。只要不松开 Ctrl 键，就可以继续绘制新的 AP Div。

12.11　AP Div 的属性设置和操作

熟悉 AP Div 的属性设置和 AP Div 的基本操作，才能更好地设计网页布局。

12.11.1　AP Div 的【属性】面板

在菜单栏中选择【窗口】|【属性】命令，打开【属性】面板。在文档中单击 AP Div 边框，选定 AP Div，在【属性】面板中则会显示 AP Div 的属性，如图 12-76 所示。

图 12-76　AP Div 的【属性】面板

在 AP Div 的属性面板中可以对以下选项进行设置。

【CSS-P 元素】下拉列表框：为 AP 元素命名。AP 元素名称只能包含字母和数字，并且不能以数字开头。

【左】和【上】文本框：用于设置 AP Div 的左边界和上边界距离页面（如果嵌套则为父级 AP Div）左边界和上边界的距离。

【宽】和【高】文本框：用于设置 AP Div 的宽度和高度，默认单位为 px（像素），也可以指定为以下单位：pc（pica）、pt（点）、in（英寸）、mm（毫米）、cm（厘米）或%（嵌套则为父级 AP Div 相应值的百分比）。

【Z 轴】文本框：用于设置 AP Div 在垂直方向上的索引值，主要用于设置 AP Div 的堆叠顺序，Z 轴值大的 AP Div 位于上方。值可以为正也可以为负，也可以为 0。

【可见性】下拉列表框：用于设置 AP Div 的显示状态。在下拉列表中可以选择以下 4 种选项。

default（默认）：选择该选项，不明确指定 AP Div 的可见性属性。大多数情况下会继承父级 AP Div 的可见性属性。

inherit（继承）：选择该选项，则继承父级 AP Div 的可见性属性。

visible（可见）：选择该选项，则显示 AP Div 以及其中的内容。

hidden（隐藏）：选择该选项，则隐藏 AP Div 以及其中的内容。

【背景图像】文本框：用于设置 AP Div 的背景图像。可以直接在文本框中输入图像路径，也可以单击【浏览文件】按钮，打开【选择图像源文件】对话框，选择图像文件。

【背景颜色】文本框：用于设置 AP Div 的背景颜色。默认为透明背景。

【类】下拉列表框：在列表中可以选择添加样式。

【溢出】下拉列表框：设置当 AP Div 中内容超过 AP Div 的大小时如何在浏览器中显示 AP Div。在下拉列表中可以选择以下 4 种选项。

visible（可见）：选择该选项，则当 AP Div 的内容超过 AP Div 的大小时，AP Div 会自动向右或向下扩展，使 AP Div 能够容纳并显示其中的内容。

hidden（隐藏）：选择该选项，则当 AP Div 的内容超过 AP Div 的大小时，AP Div 的大小保持不变，也不会出现滚动条，超出 AP Div 的内容不被显示。

scroll（滚动）：选择该选项，无论 AP Div 的内容是否超出 AP Div 的大小，AP Div 的右侧和下侧都会显示滚动条。

auto（自动）：选择该选项，则当 AP Div 的内容超过 AP Div 的大小时，AP Div 的大小保持不变，在 AP Div 的右侧或下侧会自动出现滚动条，以使 AP Div 中的内容能够通过滚动条来显示。

【剪辑】选项组：用于设置 AP Div 可见区域的大小。在【左】、【右】、【上】和【下】文本框中可以指定 AP Div 的可见区域的左端、右端、上端和下端相对于 AP Div 左端、右端、上端和下端的距离。经过剪辑后，只有指定的矩形区域才是可见的。

12.11.2 改变 AP Div 的可见性

AP Div 的可见性不但可以在 AP Div 属性面板中进行更改，还可以在【AP 元素】面板中进行修改。在【AP 元素】面板中，单击需要修改可见性的 AP Div 左侧的 👁 图标列，设置其为可见或不可见。

默认情况下 👁 图标不显示，该 AP Div 继承父级 AP Div 可见性，如图 12-77 所示。

睁开的 👁 图标表示 AP Div 可见，如图 12-78 所示。

闭上的 👁 图标表示 AP Div 不可见，如图 12-79 所示。

图 12-77　默认显示

图 12-78　可见显示

图 12-79　不可见显示

要一次更改多个 AP Div 的可见性，单击眼睛列表顶端的眼睛图标即可。

12.11.3　改变 AP Div 的堆叠顺序

在制作网页的过程中，有时需要对 AP Div 的堆叠顺序进行修改。之前介绍过可以在 AP Div 的【属性】面板中的【Z 轴】中进行修改，还可以直接在【AP 元素】面板中修改。

下面介绍如何在【AP 元素】面板中改变 AP Div 的堆叠顺序。可以通过执行以下操作之一来实现。

单击需要修改堆叠顺序的 AP Div 右侧的【Z 轴】列表中的数字，直接对数字进行修改，如图 12-80 所示。

单击需要修改堆叠顺序的 AP Div，拖动鼠标移动 AP Div 至适当位置时，会显示直线，松开鼠标左键，完成堆叠顺序的更改，如图 12-81 所示。

图 12-80　修改【Z 轴】数字

图 12-81　拖动 AP Div 修改

12.11.4　防止 AP Div 重叠

根据网页的制作要求，或者由于需要将 AP Div 转换为表格（因为表格单元不能重叠，所以 Dreamweaver 不能把重叠的 AP Div 转换为表格），需要在创建、移动 AP Div 及调整 AP Div 大小时防止 AP Div 发生重叠。

在【AP 元素】面板中，选中【防止重叠】复选框，即可防止 AP Div 重叠，如图 12-82 所示。

图 12-82　选中【防止重叠】复选框

即使选中【防止重叠】复选框，有些操作也会导致 AP Div 重叠。例如，使用菜单栏命令插入 AP Div，拖动【绘制 AP Div】按钮插入 AP Div，或者在 HTML 检查器中编辑 HTML 源代码，等等，都有可能导致 AP Div 重叠。如果发生了 AP Div 重叠，就需要在文档窗口中拖动重叠的 AP Div 使它们分离。如果在建立了重叠 AP Div 之后才选择此复选框，之前的 AP Div 重叠不会发生改变。

12.11.5　AP Div 的基本操作

AP Div 创建完成后，根据网页布局需要，可以对 AP Div 进行选择、调整大小、移动和对齐等操作。

1. 选择 AP Div

在 Dreamweaver 中可以一次选择一个 AP Div，也可以同时选择多个 AP Div。

单击 AP Div 边线，选择单个 AP Div，如图 12-83 所示。

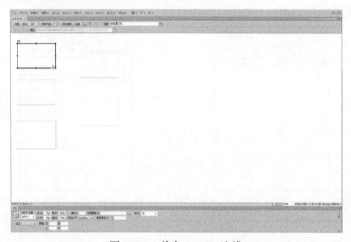

图 12-83　单击 AP Div 边线

单击 AP Div 选择柄，选择 AP Div。如果选择柄不可见，可将光标放置在该 AP Div 中，即可显示选择柄，如图 12-84 所示。

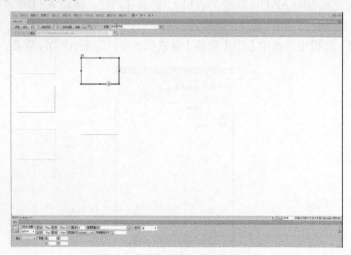

图 12-84　单击 AP Div 选择柄

在【AP 元素】面板中，单击 AP Div 名称进行选择，可以按住 Shift 键选择多个 AP Div，如图 12-85 所示。

在文档页面中，可以按住 Shift 键直接单击 AP Div 进行单选或多选，如图 12-86 所示。

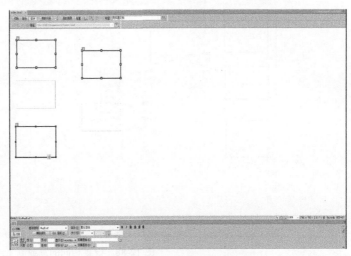

图 12-85　利用【AP 元素】面板选择　　　　　图 12-86　按住 Shift 键直接选择

2. 调整 AP Div 大小

可以调整一个 AP Div 的大小，也可以同时调整多个 AP Div 的大小，使它们具有相同的高度和宽度。如果选中【防止重叠】复选框，则在调整 AP Div 的大小时，AP Div 不会重叠。

执行以下操作之一，可以调整 AP Div 的大小。

选择 AP Div，拖动 AP Div 的控制点对其大小进行调整，如图 12-87 所示。

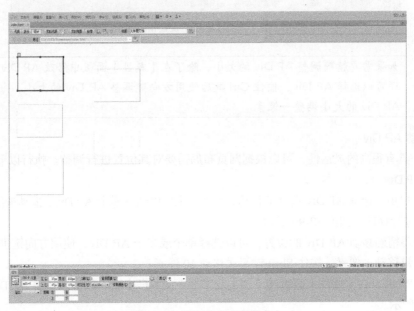

图 12-87　通过控制点调整大小

在文档中选择多个 AP Div，在菜单中选择【修改】|【排列顺序】|【设成宽度相同】或【设成高度相同】命令，可以将多个 AP Div 的宽和高设置为与最后选择的 AP Div 的宽和高相同，如

图 12-88 所示。

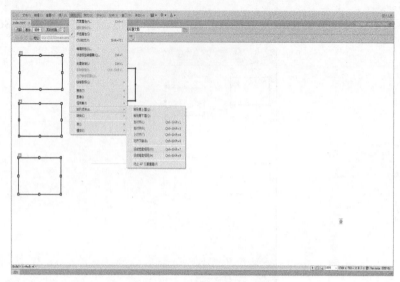

图 12-88 设置相同的宽或高

在文档中选择多个 AP Div，在【属性】面板的【多个 CSS-P 元素】栏内【宽】或【高】文本框中输入数值，可以为多个 AP Div 设置相同的宽或高，如图 12-89 所示。

图 12-89 在【属性】面板中设置相同的宽或高

 如果需要精确调整 AP Div 的大小，除了在【属性】面板中修改 AP Div 的宽和高之外，还可以选择 AP Div，按住 Ctrl 键后使用方向键调整 AP Div 的大小，每按一次方向键，AP Div 的大小调整一像素。

3. 移动 AP Div

AP Div 具有很高的灵活性，可以根据网页布局需要对其位置进行调整。执行以下操作之一，可以移动 AP Div。

选中 AP Div，拖动 AP Div 选择柄移动其位置。也可以选择多个 AP Div，拖动最后选择的 AP Div 选择柄进行移动，如图 12-90 所示。

如果需要精确移动 AP Div 的位置，可以选择单个或多个 AP Div，使用方向键进行移动。每按一次方向键移动 1 像素，按住 Shift 键每次移动 10 像素。

选择 AP Div，在【属性】面板的【左】或【上】文本框中输入数值来移动 AP Div 的位置，如图 12-91 所示。

 使用【属性】面板移动 AP Div 时，可能会使 AP Div 重叠，使用【属性】面板不能移动多个 AP Div 的位置。

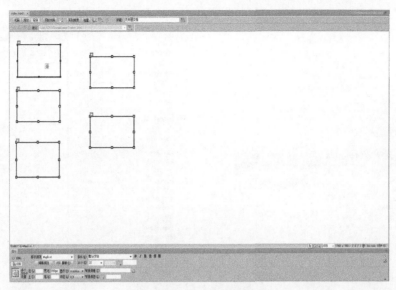

图 12-90　拖动选择柄移动

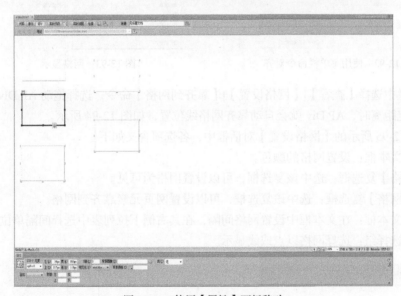

图 12-91　使用【属性】面板移动

4. 对齐 AP Div

在文档窗口中选择需要对齐的 AP Div，在菜单栏中选择【修改】|【排列顺序】命令，在子菜单中根据需要选择【上对齐】、【左对齐】、【右对齐】和【对齐下缘】命令。所选 AP Div 会根据选择的 AP Div 位置对齐，如图 12-92 所示。

进行对齐时，AP Div 可能会根据父级 AP Div 的移动而移动。

5. AP Div 靠齐到网格

在文档窗口中可以通过显示网格并设置 AP Div 靠齐到网格，使页面布局更加精细，可使用【查看】|【网格设置】|【显示网格】命令，如图 12-93 所示。

图 12-92　使用菜单栏命令对齐　　　　　　　　　图 12-93　网格显示

在菜单栏中选择【查看】|【网格设置】|【靠齐到网格】命令，选择拖动 AP Div，当 AP Div 靠近网格一定距离时，AP Div 就会自动靠齐网格线位置，如图 12-94 所示。

在如图 12-95 所示的【网格设置】对话框中，各选项含义如下。

【颜色】文本框：设置网格的颜色。

【显示网格】复选框：选中该复选框，可以设置网格为可见。

【靠齐到网格】复选框：选中该复选框，可以设置网页元素靠齐到网格。

【间隔】文本框：在文本框中设置网格间隔，在其右侧下拉列表中选择间隔单位。

【显示】选择组：选择网格以点或线显示。

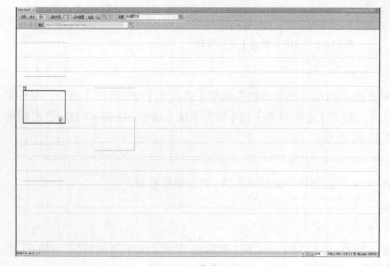

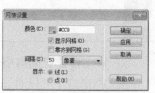

图 12-94　靠齐网格　　　　　　　　　　　　图 12-95　【网络设置】对话框

12.12　AP Div 参数设置和嵌套 AP Div

12.12.1　设置 AP Div 参数

通过设置 AP Div 参数，可以为新创建的 AP Div 定义默认值。

步骤① 在菜单栏中选择【编辑】|【首选参数】命令，如图 12-96 所示。

步骤② 打开【首选参数】对话框，在左侧的【分类】列表框中选择【AP 元素】选项，如图 12-97 所示。

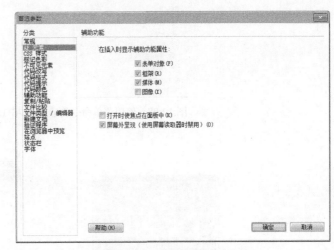

图 12-96　选择【首选参数】命令　　　　图 12-97　【首选参数】对话框

在【首选参数】对话框中可以对以下参数进行设置。

【显示】下拉列表框：设置 AP Div 的默认可见性，包括 default、inherit、visible 和 hidden 4 个选项。

【宽】文本框：设置 AP Div 的默认宽度。

【高】文本框：设置 AP Div 的默认高度。

【背景颜色】文本框：设置 AP Div 的默认背景颜色。

【背景图像】文本框：为 AP Div 插入默认的背景图像。

【嵌套】复选框：选中此复选框，使在 AP Div 内利用绘制方法创建的 AP Div 成为嵌套 AP Div。

12.12.2　嵌套 AP Div 参数

所谓嵌套 AP Div，是指将 AP Div 创建于另一个 AP Div 之中，并且成为另一个 AP Div 的子集。使用以下几种方法可以创建嵌套 AP Div。

将光标放置在父级 AP Div 中，在菜单栏中选择【插入】|【布局对象】|AP Div 命令，如图 12-98 所示。

在【布局】插入面板中拖动【绘制 AP Div】按钮至父级 AP Div 中，如图 12-99 所示。

在【AP 元素】面板中，按住 Ctrl 键拖动 AP Div 至另一个 AP Div 上，可以嵌套已有 AP Div，如图 12-100 所示。

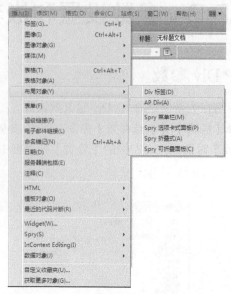

图 12-98 使用菜单命令创建嵌套 AP Div

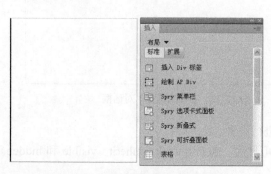

图 12-99 拖动【绘制 AP Div】按钮

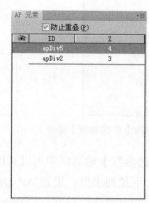

图 12-100 利用【AP 元素】面板嵌套已有 AP Div

习 题

一、填空题

1. 表格不但可以用来安排网页的_____，也可以用来制作简单的_____。通过在网页中插入表格，可以对网页内容进行精确的_____，从而插入其他网页元素，使得网页能够按照设计者的设计方案构建出网页效果。

2. 表格的排序功能主要是针对具有_____的表格，是根据表格列表中的_____来排序的。

3. 在网页设计中，使用框架的最常见用途是_____。一组框架通常包括一个含有_____的框架和另一个要显示_____页面的框架。

4. AP Div 最主要的特性是可以在_____之上或之下浮动。也就是说，可以在网页上任意改变 AP Div 的位置，以实现对 AP Div 的_____。

二、操作题

1. 请完成如图 12-101 所示的表格。

姓名	年龄	性别	专业
张三	29	男	计算机科学与技术
李四	23	女	电子商务
王五	24	女	图形图像制作

图 12-101　表格效果图

2. 请完成如图 12-102 所示的框架。

图 12-102　框架效果图

第13章
行为的编辑

13.1 应用行为

行为是由对象、事件和动作构成的。

对象是产生行为的主体，很多网页元素都可以成为对象，如图片、文字和多媒体文件等。对象也是基于成对出现的标签，在创建时应首先选中对象的标签。此外，网页本身有时也可以作为对象。

事件是触发动态效果的原因，它可以被附加到各种页面元素上，也可以被附加到 HTML 标记中。一个事件总是针对页面元素或标记而言的，例如，将鼠标指针移动到图片上，把鼠标指针放在图片之外和单击鼠标左键是与鼠标有关的 3 个最常见的事件（onMouseOver、onMouseOut 和 onClick）。不同的浏览器支持的事件种类和数量是不一样的。通常，高版本的浏览器支持更多的事件。

动作是指最终需要完成的动态效果，例如交换图像、弹出信息、打开浏览器窗口及播放声音等都是动作。动作通常是一段 JavaScript 代码。在 Dreamweaver 中使用内置的行为时，系统会自动地向页面中添加 JavaScript 代码，用户完全不必自己编写。

将事件和动作组合起来就构成了行为。例如，将 onMouseOver 行为事件与一段 JavaScript 代码相关联，当鼠标指针放在对象上时，就可以执行相应的 JavaScript 代码（动作）。一个事件可以同多个动作相关联，即发生事件时，可以执行多个动作。为了实现需要的效果，还可以指定和修改动作发生的顺序。

13.1.1 使用【行为】面板

在 Dreamweaver 中，对行为的添加和控制主要是通过【行为】面板来实现的。在【行为】面板中，可以先指定一个动作，然后指定触发该动作的事件，从而将行为添加到页面中。如将鼠标指针移动到对象（事件）上时，对象会发生预定义的变化（动作）。

在菜单中选择【窗口】|【行为】命令，即可打开【行为】面板，如图 13-1 所示。

使用【行为】面板可以将行为附加到页面元素（具体地说是附加到标签），并可以修改以前所附加的行为和参数。

已附加到当前所选页面元素的行为将显示在行为列表中，并将事件按字母顺序列出。如果针对同一个事件列有多个动作，则会按在列表中

图 13-1 【行为】面板

出现的顺序执行这些动作。如果行为列表中没有显示任何行为，则表示没有行为附加到当前所选的页面元素。

【行为】面板中包含以下选项。

单击【添加行为】按钮 +.：可弹出动作菜单，从中可以添加行为。添加行为时，从动作菜单中选择一个行为项即可。当从该动作菜单中选择一个动作时，将出现一个对话框，可以在对话框中指定该动作的参数，如果动作菜单上的所有动作都处于未激活状态，则表示选择的元素无法生成任何事件。

单击 — 按钮：从行为列表中删除所选事件和动作。

单击 ▲ 或 ▼ 按钮：可将动作项向前或向后移动，从而改变动作执行顺序。对于不能在列表中上下移动的动作，箭头按钮将处于禁用状态。

在为选定对象添加了行为后，可利用行为的事件列表选择触发该行为的事件。

13.1.2　添加行为

在 Dreamweaver 中，可以为文档、图像、链接和表单元素等任何网页添加行为。在给对象添加行为时，可以一次为每个事件添加多个动作，并按【行为】面板中动作列表的顺序来执行动作。添加行为的具体操作步骤如下。

步骤① 在页面中选定一个对象，也可单击文档窗口右下角的<body>标签选中整个页面，打开【行为】面板，单击【添加行为】按钮 +.，弹出动作菜单，如图 13-2 所示。

步骤② 从动作菜单中选择一种动作，会弹出相应的参数设置对话框，在其中进行设置后，单击【确定】按钮，即可在事件列表中显示设置的动作事件，如图 13-3 所示。

步骤③ 单击该事件的名称，出现 ▼ 按钮，单击该按钮，在弹出的列表中可以看到全部事件，如图 13-4 所示。可以在该列表中选择一种事件。

图 13-2　动作菜单

图 13-3　添加事件

图 13-4　事件列表

13.2　标 准 事 件

不同的浏览器支持不同的事件。Dreamweaver 配备有一套得到主流浏览器承认的事件列表。

单击【行为】面板上的【添加行为】按钮 ⁺，在弹出的菜单中选择【显示事件】命令，在其子菜单中提供了 8 种不同的浏览器版本，如图 13-5 所示。

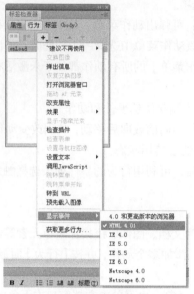

图 13-5　8 种浏览器版本

不同的浏览器版本所支持的事件类型有所不同，下面以 Internet Explorer 和 Netscape 为例，对"一般事件"作个简单比较，见表 13-1。

表 13-1　　　　　　　　　　　　　　浏览器支持的事件列表

类型	事　件	浏览器支持	解　说
一般事件	onclick	IE 3.0、Netscape 2.0	单击时触发此事件
	onblclick	IE 4.0、Netscape 4.0	双击时触发此事件
	onmousedown	IE 4.0、Netscape 4.0	按下鼠标时触发此事件
	onmouseup	IE 4.0、Netscape 4.0	鼠标按下后松开鼠标时触发此事件
	onmouseover	IE 3.0、Netscape 2.0	当鼠标移动到某对象范围的上方时触发此事件
	onmousemove	IE 4.0、Netscape 4.0	当鼠标移动时触发此事件
	onmouseout	IE 4.0、Netscape 3.0	当鼠标离开某对象范围时触发此事件
	onkeypress	IE 4.0、Netscape 4.0	当键盘上某个键被按下且释放时触发此事件
	onkeydown	IE 4.0、Netscape 4.0	当键盘上某个键被按下时触发此事件
	onkeyup	IE 4.0、Netscape 4.0	当键盘上某个键被按下后松开时触发此事件

13.3　内　置　行　为

Dreamweaver CS5 内置有许多行为，每一种行为都可以实现一个动态效果，或实现用户与网页之间的交互。下面以交换图像为例，对内置行为使用方式做个简单介绍。

【交换图像】动作通过更改图像标签的 src 属性，将一个图像和另一个图像交换，使用该动作可以创建【鼠标经过图像】和其他的图像效果（包括一次交换多个图像）。【交换图像】动作的创建方式如下。

步骤① 启动 Dreamweaver CS5 软件，选择随书附带光盘中的 "\Dreamweaver\13.3.1\index.html" 文件，如图 13-6 所示。

图 13-6 原始文件

步骤② 在网页文档中选择要添加行为的图像，在菜单中选择【窗口】|【行为】命令，打开【行为】面板。单击【添加行为】的加号按钮，在弹出的菜单中选择【交换图像命令】，如图 13-7 所示。

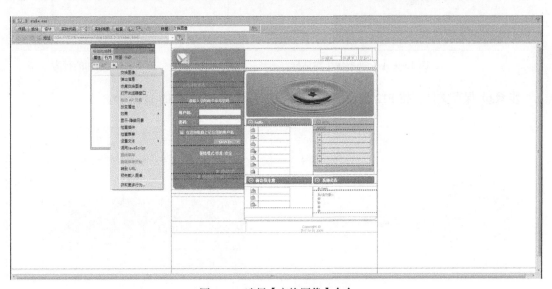

图 13-7 选择【交换图像】命令

步骤③ 在弹出的【交换图像】对话框中单击【浏览】按钮，在【选择图像源文件】对话框中选择"line_2.jpg"文件，如图 13-8 所示。

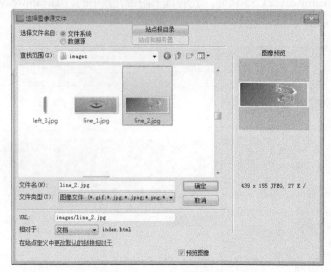

图 13-8　选择图像源文件

步骤④ 单击【确定】按钮，返回【交换图像】对话框，如图 13-9 所示。

步骤⑤ 单击【确定】按钮，可在【行为】面板中看到添加的行为，如图 13-10 所示。

图 13-9　【交换图像】对话框

图 13-10　添加的行为

步骤⑥ 保存文件，按 F12 键在浏览器中观看网页效果，如图 13-11 所示。

图 13-11　交换图像网页效果

13.4 表 单

表单可以收集来自用户的信息，它是网站管理者与浏览者之间沟通的桥梁。收集、分析用户的反馈意见，然后做出科学的、合理的决策，是一个网站成功的重要因素。

有了表单，网站不仅是"信息提供者"，同时也是"信息收集者"，可由被动提供转变为主动"出击"。表单通常用来做调查表、订单和搜索界面等。

表单有两个重要的组成部分：一是描述表单的 HTML 源代码；二是用于处理用户在表单域中输入的服务器端应用程序客户端脚本，如 ASP 和 CGI 等。

13.4.1 创建表单域

每一个表单中都包括表单域和若干个表单元素，而所有的表单元素都要放在表单域中才会生效，因此，制作表单时要先插入表单域。

向文档中添加表单域的具体操作步骤如下。

步骤① 将光标放置在要插入表单的位置。

步骤② 执行以下操作，选择【插入】|【表单】|【表单】命令或在【表单】插入面板中单击【表单】按钮▦。

步骤③ 页面上会出现一条红色的虚线，即可插入表单，如图 13-12 所示。

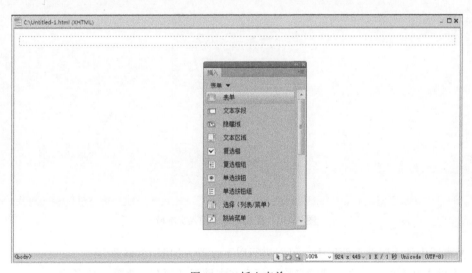

图 13-12 插入表单

步骤④ 选中表单，打开表单的【属性】面板，如图 13-13 所示。

图 13-13 表单【属性】面板

在表单的【属性】面板中，可以进行以下设置。

【表单 ID】文本框：输入唯一名称以标识表单。

【动作】文本框：设置处理该表单动态页面或脚本的路径。

【方法】下拉列表框：选择表单数据传输到服务器的方法。

【编码类型】下拉列表框：指定对提交给服务器进行处理的数据使用的编码类型。

【目标】下拉列表框：打开【目标】下拉列表框，目标值有以下几种。

_blank：在未命名的新窗口中打开目标文档。

_parent：在显示当前文档的父窗口中打开目标文档。

_self：在提交表单所使用的窗口中打开目标文档。

_top：在当前窗口的窗体内打开目标文档。此值可用于确保目标文档占用整个窗口，即使原始文档显示在框架中。

13.4.2　插入文本域

根据类型属性的不同，文本域可分为 3 种：单行文本域、多行文本域和密码域。

选择【插入】|【表单】|【文本域】命令，或在【表单】插入面板中单击【文本字段】按钮、和【文本区域】按钮，都可以在表单域中插入文本域，如图 13-14 所示。

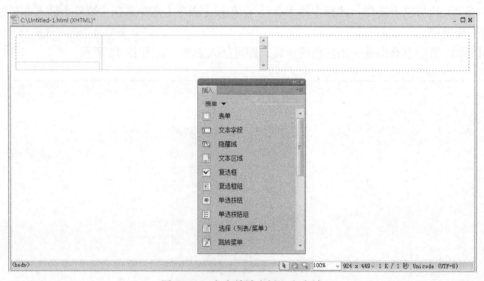

图 13-14　在表单域中插入文本域

在文本域中的【属性】面板中，可以进行以下设置，如图 13-15 所示。

【文本域】文本框：是文本域的名称。每个文本域都必须有一个唯一的名称。

【字符宽度】文本框：设置域中最多的可显示的字符数。此数字可以小于最大字符数。

【类型】选项组：指定域为单行、多行文本域还是密码域。

【初始值】文本框：指定在首次载入表单时文本域中显示的值。

1．单行文本域

单行文本域通常对单字或短语响应，如姓名或地址等。

选择【插入】|【表单】|【文本域】命令，或在【表单】插入面板中单击【文本字段】按钮，即可插入单行文本域。

提示　　　插入文本域后，只要在【属性】面板中将【类型】选择为【单行】类型，即为单行文本域。

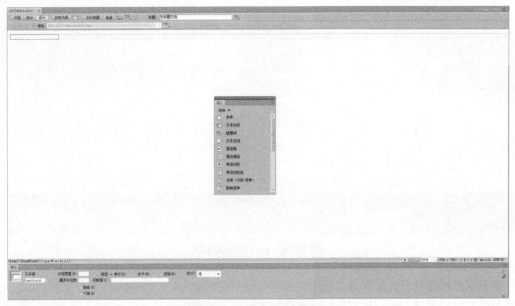

图 13-15　为文本域设置属性

在单行文本域的【属性】面板中，可以进行以下设置。

【文本域】文本框：分配域的名称。每个文本域都必须有一个唯一的名称。

【字符宽度】文本框：域中最多可显示的字符数。此数字可以小于最多字符数。

【最多字符数】文本框：设置单行文本域中最多可输入的字符数。

【初始值】文本框：指定首次载入表单时域中显示的值。可以指示用户在域中输入信息。

【类】下拉列表框：使用户可以将 CSS 规则应用于对象。

2. 多行文本域

多行文本域可为访问者提供一个较大的区域，供其输入响应。还可以指定访问者最多输入的行数以及对象的字符宽度，如果输入的文本框超过了这些设置，该域将按照换行属性中指定的设置进行滚动。

选择【插入】|【表单】|【文本区域】命令，或在【表单】插入面板的选项卡中单击【文本区域】按钮图标，即可插入多行文本域，如图 13-16 所示。

提示　　　插入文本域后，只要在【属性】面板中将【类型】选择为【多行】类型，即为多行文本域。

在多行文本域的【属性】面板中，可以在【行数】文本框中设置多行文本域的高度。其他属性名词的解释请参照单行文本域的属性面板。

3. 密码域

使用密码域发送到服务器的密码和其他信息并未加密，所传输的数据可能会以字母、数字和文本的形式被截获并被读取。

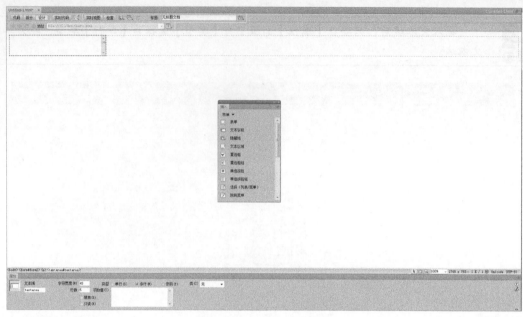

图 13-16　插入多行文本域

密码域是特殊类型的文本域。当用户在密码域中进行输入时，所输入的文本会被替换成星号或项目符号以隐藏该文本，从而保护这些信息不被别人看到。

习　　题

一、填空题

1. 表格不但可以用来安排网页的_____，也可以用来制作简单的_____。

2. 行为是由_____、_____和_____构成的。

3. 对象是产生行为的_____，很多网页元素都可以成为对象，如_____、_____和_____等。

4. 事件是触发动态效果的_____，它可以被附加到_____上，也可以被附加到_____中。

5. 动作是指最终需要完成的_____，例如_____、_____、_____及_____等都是动作。

二、操作题

请完成如图 13-17 所示的效果图。

用户名：长春工业大学

密码：●●●●●

图 13-17　效果图

第14章
CSS 基础

14.1 CSS 概述

CSS 是 Cascading Style Sheet（层叠样式表）的缩写。所谓"层叠"，是指多重样式定义可以层叠为一。CSS 是标准的布局语言，用于为 HTML 文档定义布局，包括控制元素的尺寸、颜色、排版等，解决了内容与表现分离的问题。CSS 非常精确，功能强大，易于编写。使用 CSS 的优点如下：

（1）只通过修改一个文件就可以改变页数不定的网页的外观和格式。

（2）在所有浏览器和平台之间都具有兼容性。

（3）拥有更少的编码、更少的页数和更快的下载速度。

14.1.1 元素

在 HTML 文档中，元素是指表示文档格式的一个模块，它包括一个开始标签、一个结束标签（有些结束标签也可以省略，如\<hr\>）和包含在这两个标签里的所有内容。比如"\<h1\>欢迎光临\</h1\>"就是一个元素，它表示一个一级标题。我们把标签名作为元素的名称，比如上例就称为元素 h1。

14.1.2 父元素/子元素

若元素 A 的开始标签和结束标签之间包含其他元素 B，则元素 A 称为元素 B 的父元素，元素 B 为元素 A 的子元素。例如，对于"\<p\>\<b\>欢迎光临\</b\>\</p\>"来说，元素 p 是 b 的父元素，b 是 p 的子元素。

14.1.3 属性

在 HTML 文档中，属性是指某个元素某方面的特性，例如颜色、字体大小、高度、宽度等。对于每个属性能且仅能指定一个值，例如颜色为红色、字体大小为 20 像素等。

14.2 CSS 语法

一个 CSS 样式表是由许多样式规则组成的，其规则为：select{property :value ；……}，如

图 14-1 所示。

- select——选择器：表明大括号中的属性设置将应用于哪些 XTHML 元素，例如"p"。

图 14-1 CSS 规则

- property——属性：表明将设置哪种属性，例如设置背景色的属性"font-size"。

- value——值：表明设置的属性值，例如设置背景色的属性值"30px"，代表 30 像素。

因此，规则是一系列"属性：值"的集合，它用来控制网页元素的显示方式。根据规则中对属性的设定，浏览器会按照设定的值来显示标签内的内容。

样式表其实就是一系列规则的集合，将所有规则集合放置于某个合适的位置以后，就可以在 HTML 文档中引入样式表并应用规则。那么这些规则到底可以放置在哪些地方呢？一般有 3 种情况：一是放置在 HTML 标签的内部，需要这个标签如何显示，就设置相应的规则；二是把所有规则都集中放置在 HTML 文档的某个部分（一般是头部），然后在需要的地方引用这些规则；三是把所有规则单独保存为一个文本文件，在 HTML 文档中链接这个文件并引用规则。这 3 种情况分别就是样式表的 3 种不同的类型。

14.2.1　内联样式表

内联样式是连接样式和标签的最简便的方法，只需要在标签中包含一个名为 style 的属性及其值即可。其中 style 属性和它的值之间用"="连接，style 属性的值是一串字符，该字符是一个规则的简写，它省略了规则的选择符和"{ }"，剩下的"属性：值"则描述了具体的显示样式，浏览器会根据样式的属性及其值来显示标签中的内容。

例如：设置文字大小为 30 像素。

```html
<html>
  <head>
      <title>例子</title>
  </head>
  <body>
      <p style="font-size:30px;">这些文字是 30 像素的</p>
  </body>
</html>
```

内联样式会向标签中添加很多属性及内容，因此对于网页设计者来说很难维护，更难阅读。而且由于它只对局部起作用，因此必须对所有需要的标签多做设置，这样就失去了 CSS 在控制页面布局方面的优势。所以，应尽量减少使用内联样式，而采用其他样式。

14.2.2　文档级样式表

内联样式表只是将样式规则加在某一标签内部，其影响范围仅限于该标签，而文档级样式表则将所有规则罗列在文档的开头，它可以影响整篇文档。文档级样式表的写法是在文档的<head>和</head>标签之间添加<style>和</style>标签，在<style>标签中指定属性 type 的值为"text/css"，将规则置于这两个标签之间。

例如，设置文字大小为 30 像素。

```html
<html>
  <head>
    <title>例子</title>
    <style type="text/css">
```

```
    p {font-size:30px;}
  </style>
</head>
<body>
  <p>这些文字是 30 像素的</p>
</body>
</html>
```

14.2.3　外部样式表

外部样式表是一个独立的纯文本文件，其文件名一般为 "*.css"，所有的规则均放置在该文件内。它可以由浏览器通过网络加载，所以可以随时随地地存储和使用，而并不要求本地计算机必须有该样式表文件。外部样式表最大的优点是可以用于多个文档，它可以对庞大的文档集中所有的相关标签起作用。

例如，样式表文件名为 style.css，它通常被存放于名为 style 的目录中，如图 14-2 所示。

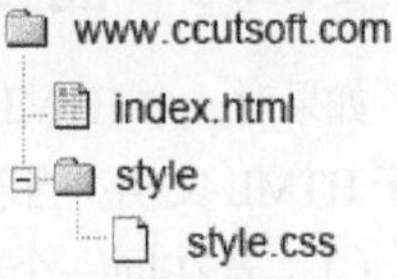

现在的问题是：如何在 HTML 文档里引用一个外部样式表文件（style.css）呢？可以用两种方法来载入样式表：链接和引入。

链接外部样式表的方法是在文档的<head>标签中使用<link>标签，使用该标签的 rel 属性指定外部样式表文件与 HTML 文档的关系是 stylesheet（rel="stylesheet"），用 type 属性指定引用的文档是 CSS 文档（type="text/css"），使用 href 指定 CSS 文档的位置。

图 14-2　外部样式表位置

```
<link rel="stylesheet" type="text/css" href="style/style.css" />
```

这行代码必须被插入 HTML 代码的头部（header），即放在标签<head>和标签</head>之间。

```
<html>
  <head>
    <title>例子</title>
    <link rel="stylesheet" type="text/css" href="style/style.css"/>
  </head>
  <body>
    ……
```

引入外部样式表的方式是使用<style>标签中的一个特殊命令@import（at 规则）引入文件。

```
@import url(style/style.css);
```

这行代码必须被插入 HTML 代码的头部（header）。

```
<html>
  <head>
    <title>例子</title>
    <style type=text/css>
     <!- -
       @import url(style/style.css);
     - ->
    </style>
  </head>
  <body>
    ……
```

以上两种方法使 HTML 文件在浏览器中显示时，应使用给出的 CSS 文件进行布局。它的优越之处在于：多个 HTML 文档可以同时引用一个样式表。换句话说，可以用一个 CSS 文件来控制多个 HTML 文档的布局，如图 14-3 所示。

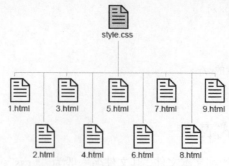

图14-3　外部样式表的作用范围

外部样式表可以令你省去许多工作。例如，假设你要修改某网站的所有网页（比如有100个网页）的文字颜色，采用外部样式表可以避免一个一个去修改这100个HTML文档。采用外部样式表，只需修改外部样式表文件里的代码即可，几秒钟即可搞定。

14.2.4　优先权原则

如果对一个HTML文档应用了多种样式表，则浏览器会将所有的样式表整合起来，在显示时同时应用于HTML文档。当多个样式表对某一元素的定义发生冲突时，浏览器会按如下优先权原则进行处理：

（1）若在同一个类型的样式表中发生冲突（例如在文档级样式表中先定义了标签<p>中的文字为红色，后又定义为蓝色），那么按最后定义的样式来显示（显示为蓝色）。

（2）若在不同类型的样式表中发生冲突（例如在文档级样式表中先定义了标签<p>中的文字为红色，而在内联样式表中又定义为蓝色），那么按照内联样式表、文档级样式表、外部样式表的优先权顺序显示（显示为蓝色）。

14.3　CSS选择器

选择器（selector）是CSS中很重要的概念，所有HTML语言中的标记都是通过不同的CSS选择器进行控制的。用户只需通过选择器对不同的HTML标签进行控制，并赋予各种样式声明，即可实现各种效果。

14.3.1　通配选择器

在很多计算机语言里，通常用英文的"*"号代表所有的元素，因此通配选择器定义的规则会应用在所有元素上。因此一般在CSS的开始处进行如下定义：

```
* {
    margin : 0;
    padding : 0;
    border:0;
}
```

这样定义是把所有元素的边距（margin）和填充（padding）定义为0，以清除浏览器的缺省样式。

14.3.2　标签选择器

顾名思义，标签选择器是直接将HTML标签作为选择器，可以是p、h1、li、img等HTML标签。如：

```
p { font-size:12px;}
h1 { color : blue;}
```

14.3.3　类选择器

在 CSS 中，类选择器以一个点号开头来显示：

```
.red { color:red;}
```

在页面中，用 class="类名"的方法进行调用：

```
<h1 class="red">
  标题一显示为红色
</h1>
<p class="red">
  段落文字显示为红色
</p>
```

在上面的例子中，h1 和 p 元素都有 red 类。这意味着两者都将遵守".red"类选择器中的规则。

在 HTML 的标记中，还可以同时给一个标记运用多个 class 类别选择器，从而将两个类别的样式风格同时运用到一个标记中。这在实际制作网站时往往会很有用，可以适当减少代码的长度。

```
<html>
  <head>
    <title>同时使用两个 class</title>
    <style type="text/css">
    <!--
      .color{ color:blue; }
      .size{ font-size:22px; }
    -->
    </style>
  </head>
  <body>
    <p>一种都不使用</p>
    <p class="color">只使用颜色</p>
    <p class="size">只使用文字大小</p>
    <p class="color size">同时使用两种 class</p>
  </body>
</html>
```

14.3.4　ID 选择器

ID 选择器的使用方法跟 class 选择器基本相同，不同之处在于，ID 选择器只能在 HTML 页面中使用一次，因此其针对性更强。ID 选择器可以为标有特定 ID 的 HTML 元素指定特定的样式。ID 选择器以"#"来定义。

下面的两个 ID 选择器，第一个定义元素的颜色为红色，第二个定义元素的文字大小为 30px：

```
#color{ color: red }
#size{ font-size: 30px}
```

下面的 HTML 代码中，id 属性为 color 的 p 元素颜色显示为红色，而 id 属性为 size 的 p 元素文字大小显示为 30px。

```
<p id="color">这段文字的颜色为红色</p>
<p id="size">这段文字的大小为 30px</p>
```

使用 ID 选择器要注意的是，将 ID 选择器用于多个标记是错误的，因为每个标记定义的 ID 不只 CSS 可以调用，JavaScript 等其他脚本语言同样也可以调用。如果一个 HTML 中有两个相同

ID 的标记，那么将导致 JavaScript 在查找 ID 时出错。正因为 JavaScript 等脚本语言也能调用
HTML 中设置的 ID，因此 ID 选择器一直被广泛使用。网站建设者在编写 CSS 代码时，应该养成
良好的编写习惯，一个 ID 最多赋予一个 HTML 标记。并且 ID 选择器不支持像 class 选择器那样
的多风格同时使用，类似 ID="color size"是完全错误的语法。

14.3.5 派生选择器

派生选择器允许根据文档中的上下文关系（父子关系）来确定某个标签的样式。通过合理地
使用派生选择器，我们可以使 HTML 代码变得更加整洁。

例如，设置列表中的 strong 元素文字为斜体字（italic）。

```
li strong{
        font-style: italic;
        }

<p>
  <strong>
      我是粗体字，不是斜体字，因为我不在列表档中，所以这个规则对我不起作用
  </strong>
</p>
<ul>
  <li><strong>我是斜体字。这是因为 strong 元素位于 li 元素内。</strong></li>
  <li>我是正常的字体。</li>
</ul>
```

派生选择器在 CSS 的编写中可以大大减少对 class 和 id 的声明。因此在构建页面时，通常只
给外层标记（父标记）定义 class 或者 id，内层标记（子标记）能通过派生选择器表示的则利用派
生的方式，而不需要再定义新的 class 或者专用 id。只有当子标记无法利用此规则时，才单独进行
声明，例如一个<ul>标记中包含多个<li>标记，而需要对其中某个<li>单独设置 CSS 样式时，才
赋给该<li>一个单独 id 或者类别，而其他<li>同样采用"ul li"这样的派生选择器来设置。

14.3.6 群组选择器

当几个元素样式属性一样时，可以共同调用一个声明，元素之间用逗号分隔。

```
h1, h2, h3, h4, h5, p{
                color: red;
                }
h1,p,.special, #one{
                font-size:15px;
                }
```

使用群组选择器，将会大大地简化 CSS 代码，将具有多个相同属性的元素合并成群组进行
选择，定义同样的 CSS 属性，这大大地提高了编码效率与 CSS 文件体积。

14.4 CSS 注释

在编写 CSS 的过程中，可以在 CSS 样式表中包含注释。CSS 注释类似于 C 语言的/* */注释，
而不像 HTML 的<!-->注释。如下面的例子：

```
/*定义 p 标签的显示属性*/
p {
```

```
        color: red;                /*颜色为红色*/
        font-size:30px;            /*文字大小为 30 像素*/
    }
```

CSS 比 C、Java 等语言更容易理解，所以不像其他语言那样需要使用大量的注释。但是，包含注释是一种良好的写代码的习惯。使用注释有助于那些想要读明白所写的样式表的意义而无法直接提出问题的人。

14.5　CSS 中的单位

14.5.1　长度单位

在 CSS 中，长度是一种度量尺寸，用于宽度、高度、字号、字和字母间距、文本的缩进、行高、页边距、边框宽度以及许多其他的属性。可以用下列 3 种方法指定长度：绝对长度单位、相对长度单位和百分比。

相对长度单位确定一个相对于另一长度属性的长度，它能更好地适应不同的媒体。主要的相对长度单位如下。

1. em

说明：相对于当前对象内文本的字体尺寸。如果当前行内文本的字体尺寸未被人为设置，则为相对于浏览器的默认字体尺寸。

示例：p { font-size : 1.2em; }

　　　p 中文字大小为原文字高度的 1.2 倍。

2. ex

说明：相对于字符 "x" 的高度。此高度通常为字体尺寸的一半。如果当前对行内文本的字体尺寸未被人为设置，则为相对于浏览器的默认字体尺寸。

示例：p { font-size : 1.2ex; }

　　　p 中文字大小为字符 "x" 高度的 1.2 倍。

3. px

说明：像素（Pixel）。像素是相对于显示器屏幕分辨率而言的。例如，Windows 的用户所使用的分辨率一般是 72 像素/英寸。

示例：p { font-size : 12px; }

　　　p 中文字大小为 12 像素。

绝对长度单位是由输出介质而定的，因此应用没有相对长度单位广泛。主要的绝对长度单位如下。

1. pc

说明：派卡（Pica）。相当于我国新四号铅字的尺寸。

示例：p { font-size : 0.75pc; }

　　　p 中文字大小为 0.75 派卡。

2. in

说明：英寸（Inch）。

示例：p { font-size : 0.13in; }

　　　p 中文字大小为 0.13 英寸。

3. cm

说明：厘米（Centimeter）。

示例：p { font-size : 0.33cm; }

　　　p 中文字大小为 0.33 厘米。

4. mm

说明：毫米（Millimeter）。

示例：p { font-size : 3.3mm; }

　　　p 中文字大小为 3.3 毫米。

5. pt

说明：点（Point）。

示例：p { font-size : 9pt; }

　　　p 中文字大小为 9 点。

长度也可以用某一百分比来指定。一般指某一属性当前值的百分比。最经常使用的百分比是相对于元素的字体大小、行高等。

14.5.2　颜色单位

CSS 中有很多颜色的设置，包括文字颜色、背景颜色、边框颜色等。在 CSS 中提供了 4 种方式来指定颜色：名称、十六进制值、十进制值和百分比。其中常用的为名称与十六进制值。

1. 名称

说明：颜色的英文单词。

示例：p {color: red; }

p 中文字颜色为红色。

2. 十六进制值

说明：#RRGGBB

　　　RR：红色值。十六进制正整数。

　　　GG：绿色值。十六进制正整数。

　　　BB：蓝色值。十六进制正整数。

　　　如果每个参数各自在两位上的数字都相同，那么也可缩写为#RGB 的方式。

示例：p {color: #FF0000; }

　　　p {color: #F00; }

　　　p 中文字颜色为红色。

习　　题

一、填空题

1. CSS 是_____的缩写，中文译文为_____。

2. 级联样式表分为_____、_____和_____3 种类型。

3. 外部样式表的载入分为_____和_____两种方法。

4. CSS 中常用的颜色表示方式有_____和_____两种。

二、操作题

1. 请读者在熟练应用 CSS 的基础上，总结使用 CSS 的优点。

2. 按以下要求完成效果如图 14-4 所示的制作。

图 14-4　效果图

（1）新建文本文件。

（2）编辑将 1 号标题（<h1>）显示为红色的规则。

（3）编辑段落（<p>）中的文字为 12 磅字号的规则。

（4）将文件扩展名设置为 CSS 并保存。

（5）新建文本文件，编写 HTML 代码，要求载入刚才编辑的 CSS 文件。

（6）将文件扩展名设置为 html 并保存。

第15章
CSS 属性

15.1　CSS 属性

15.1.1　字体属性

1. 字体族

字体族（font-family）属性描述了在 HTML 文件中用何种字体来显示文字，可以为文字指定一种或多种字体，属性值是一个用逗号分隔的字体名称列表。

```
p{font-family:"New Century Schoolbook", 华文彩云, 黑体, 楷体; }
```

浏览器会使用列表中的第一个字体，这里是 New Century Schoolbook 字体。如果操作系统未安装该字体，则浏览器会使用下一字体（华文彩云），若仍未安装该字体，则依次尝试列表中的下一字体。因此，最好在列表的最后加上一个系统常见的字体（如中文的宋体或英文的 Times New Roman），但是就算列表中所有的字体都未安装，也不必担心，浏览器会用默认字体显示文字。

2. 字体风格

字体风格（font-style）属性描述了在 HTML 文件中的文字是否为斜体效果，属性的值为 normal、italic 或 oblique。italic 和 oblique 都是斜体效果，并且很难区分它们的差别，所以可以任选其一使用。若不想产生斜体效果，可以指定其值为 normal 或者不使用本属性。

```
p{font-style: italic; }
```

3. 字体变形

字体变形（font-variant）描述了在 HTML 文件中的小写英文字母是否为小型大写字母效果，属性的值为 normal 和 small-caps。normal 表示不作变形；small-caps 表示小写字母都变形为小的大写字母。

```
p{font-variant: small-caps; }
```

如果 font-variant 属性被设置为 small-caps，而没有可用的支持小体大写字母的字体，那么浏览器多半会将文字显示为正常尺寸（而不是小尺寸）的大写字母。

4. 字体加粗

字体加粗（font-weight）属性描述了在 HTML 文件中文字的粗细，属性的值为 100 到 900 之间并且是 100 的倍数的数字，属性包括 normal、bold、bolder 和 lighter。其中 normal 相当于 500；bold 相当于 700；bolder 表示比当前的值增加 100；lighter 表示比当前的值减少 100。

```
p{font-weight: 700; }或 p{font-weight: bold; }
```

5. 字体大小

字体大小（font-size）属性描述了在 HTML 文件中文字的大小，CSS 共支持用 4 种方式表示字体大小，分别是绝对大小、相对大小、长度和百分比。

绝对大小是由浏览器预先定义的一种字体大小，分别为 xx-small，x-small，small，medium，large，x-large 和 xx-large。

```
p{font-size: x-large; }
```

相对大小有 smaller 和 larger 两种值，分别表示比父元素的字体大一号或小一号的字体。

```
p{font-size: smaller; }
```

长度最常用，也最容易理解，它指字体以固定的数值搭配长度单位显示。

```
p{font-size: 12px; } 或 p{font-size: 30pt; }
```

百分比指定字体以父元素字体大小的百分之几显示。

```
p{font-size: 150%; }
```

6. 字体

学习了前面的几条字体规则之后，我们会发现，有时为同一段文字指定多个字体属性时，书写起来有些麻烦和不便。例如我们对段落<p>标记同时设置字体系列、字体粗细、字体大小和斜体属性时，需要书写如下代码：

```
p { font-family: 宋体;
    font-weight: bold;
    font-size: 15pt;
    font-style: italic;
    }
```

这看起来很麻烦，幸好有 font 属性可以简化代码，简化为：

```
p {font: italic bold 15pt 宋体;}
```

这样的代码书写起来就方便多了，但是 font 属性对于它的值有一定的要求。首先是顺序，要求按 font-style、font-variant、font-weight、font-size、line-height 和 font-family 的值的顺序书写，可以缺少其中的某些值（实际上就是以该属性的默认值显示，但 font-size 和 font-family 的值必须出现），如上例中就缺少了 font-variant 和 line-height 的值，但剩下的值必须按要求的先后顺序排列；其次是各属性值之间以空格为分隔符，只有 font-size 和 line-height 的值之间以"/"分隔；最后，font-family 的值如果是含有多个字体系列的列表，则各系列之间以逗号分隔，如果单个系列名称中含有空格，则该系列要用双引号括括起来。

15.1.2　颜色与背景属性

1. 颜色

color 属性可以设置标签内容的前景色。颜色的值可以是颜色名、十六进制 RGB 组合或十进制 RGB 组合。例如：设置文字为红色。

```
p {color: red;} 或 p {color: #ff0000;}
```

color 属性不仅可以用来设置文本颜色，还可以设置其他标签中的非文本内容，例如水平分割线<hr>等。

2. 背景颜色

background-color 属性用来设定元素的背景颜色，它为元素设置一种纯色。颜色的值可以是颜色名、十六进制 RGB 组合或十进制 RGB 组合。例如：设置标题一背景色为红色。

```
h1 {background-color: red;} 或 h1{ background-color: #ff0000;}
```

这种颜色会填充元素的内容、内边距和边框区域，扩展到元素边框的外边界。

3. 背景图像

background-image 属性用来设定元素的背景图片，属性的值为 none 或图片的 url。其中 none 为默认值，表示无背景图片；url 为背景图片的地址，可以是绝对地址，也可以是相对地址。例如：设置 body 与 p 标签的背景图像。

```
body{background-image: url (/image/bg.gif);}
p{ background-image: url(http://www.ccutsoft.com/bg.gif) ;}
```

当设定背景图片时，也应同时设定背景颜色，这样当背景图片因为某些原因无法显示时，就会显示背景颜色。如果有背景图片，那么背景图片就会覆盖背景颜色（当然，如果图片的某些部分是透明的，那么背景颜色会显示出来）。

4. 背景重复

background-repeat 属性用来设定背景图片是否重复平铺，属性的值为 repeat、no-repeat、repeat-x 和 repeat-y。其中 repeat 表示背景图片横向和纵向都重复平铺；no-repeat 表示背景图片不重复平铺；repeat-x 表示背景图片横向重复平铺；repeat-y 表示背景图片纵向重复平铺。例如：设置页面背景图纵向重复平铺。

```
body{background-image : url (/image/ bg. gif) ;
    background-repeat : repeat-y;
    }
```

5. 背景滚动

background-attachment 属性用来设定背景图片是否随文档一起滚动，属性的值为 scroll 和 fixed。其中 scroll 表示当文档滚动时，背景图片随文档一起滚动；fixed 表示背景图片固定在文档的可见区域里。例如：设置页面背景图固定，不随文档滚动。

```
body{background-image : url (/image/ bg. gif) ;
    background-attachment: fixed;
    }
```

background-attachment 应和 background-image 一起使用。

6. 背景位置

background-position 属性用来设定背景原图像的位置，背景图像如果要重复，将从这一点开始。其属性的值可以是浮点数后跟绝对长度单位或相对长度单位；或者整数后跟百分号，表示对象宽或高的百分比；还可以是垂直对齐值与水平对齐值，可用值有：top，center，bottom，left，center，right。例如：设置页面背景图不重复，位置为左对齐，顶对齐。

```
body{background-image : url (/image/ bg. gif) ;
    background-repeat: no-repeat;
    background-position: top left;
    }

body{background-image: url (/image/ bg. gif) ;
    background-repeat: no-repeat;
    background-position: 0% 0%;
    }
```

如果仅规定了一个关键词，那么第二个值将是 "center" 或者为 "50%"。

7. 背景

background 属性是一个复合属性，是 5 个背景属性 background-color、background-image、 background-repeat、background-attachment 和 background-position 的综合快捷写法。例如：设置页面背景。

```
body{background:#99FF00 url(bg.gif) no-repeat fixed 40px 100px;}
```

在书写时，需按照 color、image、repeat、attachment、position 的顺序书写。

15.1.3　文本属性

1. 文字间隔

文字间隔（word-spacing）属性用来设定词与词之间的空间。属性的值为正常，或者是浮点数后跟绝对长度单位或相对长度单位，允许为负值。例如：设置标题一文字间隔为 10 像素。

```
h1{word-spacing: 10px;}
```

该属性在每个词后面增加所设的空间。两端对齐方式会影响词的间距。

2. 字母间隔

字母间隔（letter-spacing）属性用来设定字符间距。属性的值为正常，或者是浮点数后跟绝对长度单位或相对长度单位，允许为负值。例如：设置段落字符间距为 10mm。

```
p{letter-spacing: 10mm;}
```

当值为正数时，字符间距等于缺省字符间距加上该值；如果值为负数，字符间距则等于缺省字符间距减去该值。两边对齐方式会对字符间距有影响。

3. 文字修饰

文字修饰（text-decoration）属性用来设定文本的修饰效果，如上划线、下划线等。属性的值为 none、underline、overline、line-through 和 blink。其中 underline 表示下划线；overline 表示上画线；line-through 表示删除线；blink 表示闪烁。例如：设置段落的文字修饰效果。

```
p{text-decoration: line-through;}
p{text-decoration: underline overline;}
```

如果对象里没有文字（例如 img），或者是空，该属性值无效。如果 none 放在值的最后，那么所有的值都清空。

4. 纵向排列

纵向排列（vertical-align）属性用来设定垂直对齐方式，属性的值为 baseline、sub、super、top、middle、bottom、text-top、text-bottom。其中 baseline 表示元素放置在父元素的基线上；sub 表示垂直对齐文本的下标；super 表示垂直对齐文本的上标；top 表示把元素的顶端与行中最高元素的顶端对齐；middle 表示把此元素放置在父元素的中部；bottom 表示把元素的顶端与行中最低的元素的顶端对齐；text-top 表示把元素的顶端与父元素字体的顶端对齐；text-bottom 表示把元素的底端与父元素字体的底端对齐。例如：垂直对齐一幅图像。

```
img {vertical-align: text-top;}
```

5. 文本方向

文本方向（direction）属性用来设定文本的方向，属性的值为 ltr、rtl。其中 ltr 表示文本方向从左到右；rtl 表示文本方向从右到左。例如：把文本方向设置为"从右向左"。

```
div {direction: rtl;}
```

6. 文本排列

文本排列（text-align）属性用来设定元素中的文本的水平对齐方式，属性的值为 left、right、center、justify。其中 left 表示把文本排列到左边，左对齐；right 表示把文本排列到右边，右对齐；center 表示把文本排列到中间，居中对齐；justify 表示两端对齐文本。例如：设置 h1、h2、h3 元素的文本对齐方式。

```
h1 {text-align: center;}
h2 {text-align: left}
h3 {text-align: right}
```

7. 文本缩进

文本缩进（text-indent）属性用来设定文本块中首行文本的缩进，属性的值为 length、%。其中 length 表示固定的缩进；%表示基于父元素宽度的百分比的缩进。例如：将段落的第一行缩进50 像素。

```
p {text-indent: 50px;}
```

8. 行高

行高（line-height）属性用来设定行间的距离（行高），属性的值为 normal、number、length、%。其中 normal 表示自动设置合理的行间距；number 表示设置数字，此数字会与当前的字体尺寸相乘来设置行间距；length 表示设置固定的行间距；%表示基于当前字体尺寸的百分比行间距。例如：设置以百分比计的行高。

```
p {line-height: 135%;}
```

15.1.4 方框属性

1. 边界

边界（margin）简写属性在一个声明中设置所有外边界属性。该属性可以有 1 到 4 个值，顺序为上、右、下、左边界。例如设置上边界 10px，右边界 5px，下边界 15px，左边界 20px。

```
margin :10px 5px 15px 20px;
```

4 个方向的边界也可以单独设置。属性分别为 margin-left（左边界设置）、margin-right（右边界设置）、margin-top（上边界设置）、margin-bottom（下边界设置）。

这 4 个属性有相同的属性值，分别为 auto、length、%。其中 auto 表示浏览器所设置的外边界；length 表示定义固定的外边界，默认值是 0；%表示定义基于父对象总高度的百分比外边界。例如：设置左边界为 10px，下边界为 3cm。

```
p { margin-left: 10px;
    margin-bottom: 3cm;
  }
```

2. 填充

填充（padding）简写属性在一个声明中设置所有内填充属性。该属性可以有 1 到 4 个值。顺序为上、右、下、左填充。例如设置上填充 10px，右填充 5px，下填充 15px，左填充 20px。

```
padding :10px 5px 15px 20px;
```

4 个方向的填充也可以单独设置。属性分别为 padding –left（左填充设置）、padding -right（右填充设置）、padding -top（上填充设置）、padding –bottom（下填充设置）。

这 4 个属性有相同的属性值，分别为 auto、length、%。其中 auto 表示浏览器所设置的内填充；length 表示定义固定的内填充，默认值是 0；%表示定义基于父对象总高度的百分比内填充。例如：设置右填充为 3cm，上填充为 20px。

```
p { padding-right: 3cm;
    padding-top: 20px;
  }
```

3. 边框

元素的边框（border）是围绕元素内容和内填充的一条或多条线。border 属性可以设置元素边框的样式（border-style）、宽度（border-width）和颜色（border-color）。

border-style 属性用于设置元素所有边框的样式，该属性可以有 1 到 4 个值，顺序为上、右、下、左。也可以单独为各边设置边框样式：border-left-style、border-right-style、border-top-style、border-bottom-style。属性的值为 none、hidden、dotted、dashed、solid、double、groove、ridge、inset、outset。其中 none 表示无边框；hidden 表示隐藏边框；dotted 表示点状边框；dashed 表示虚线；solid 表示实线；double 表示双线；groove 表示 3D 槽状边框；ridge 表示 3D 脊状边框；inset 表示 3D 凹陷边框；outset 表示 3D 凸出边框。

border-width 属性用于设置元素所有边框的宽度，该属性可以有 1 到 4 个值，顺序为上、右、下、左。也可以单独为各边设置边框宽度：border-left-width、border-right- width、border-top-width、border-bottom- width。属性的值为 thin、medium、thick、length。其中 thin 表示设置细的边框；medium 表示设置中等的边框，默认值；thick 表示设置粗的边框；length 表示设置自定义边框的宽度。

border-color 属性用于设置元素所有边框的颜色，该属性可以有 1 到 4 个值，顺序为上、右、下、左。也可以单独为各边设置边框颜色：border-left-color、border-right- color、border-top-color、border-bottom- color。属性的值为 color_name、hex_number、rgb_number、transparent。其中 color_name 表示设置颜色值为颜色名称的边框颜色（例如 red）；hex_number 表示设置颜色值为十六进制值的边框颜色（例如 #ff0000）；rgb_number 表示设置颜色值为 rgb 代码的边框颜色（例如 rgb(255,0,0)）；transparent 表示设置边框颜色为透明，默认值。

例如：设置左边框为#adf418、1 像素的实线；下边框为红色、3 像素的双线。

```
h1{border-left-style: solid;
   border-left-color: # adf418;
   border-left-width: 1px;
   border-bottom-style: double;
   border-bottom-color: red ;
   border-bottom-width: 3px;
   }
```

4. 尺寸

尺寸属性用于设置元素的宽度（width）和高度（height）。width 属性设置元素的宽度，height 属性设置元素的高度。属性的值为 auto、length、%。其中 auto 为默认值，浏览器会计算出实际的高度；length 表示使用 px、cm 等单位定义高度；%表示基于包含它的块级对象的百分比高度。例如：设置段落的宽度为 100px，高度为 70px。

```
p { width:100px;
    height:70px;
    }
```

5. 定位

定位的基本思想很简单，它允许定义元素框相对于其正常位置应该出现的位置，或者相对于父元素、另一个元素甚至浏览器窗口本身的位置。position 属性用来设置元素的定位类型。属性的值为 static、absolute、fixed、relative。其中 static 为默认值，没有定位，元素出现在正常的流中；absolute 表示生成绝对定位的元素，相对于 static 定位以外的第一个父元素进行定位，元素的位置通过 "left"，"top"，"right" 以及 "bottom" 属性进行规定；fixed 表示生成绝对定位的元素，相对于浏览器窗口进行定位，元素的位置通过 "left"，"top"，"right" 以及 "bottom" 属性进行规定；relative 表示生成相对定位的元素，相对于其正常位置进行定位。例如：定位 h2 元素。

```
h2 { width:100px;
    height:70px;
    position:absolute;
   }
```

15.1.5 分类属性

1. 显示

显示（display）属性用来设置元素应该显示的类型。其属性的值见表 15-1。

表 15-1   display 属性表

值	描　　述
none	此元素不会被显示
block	此元素将显示为块级元素，此元素前后会带有换行符
inline	默认。此元素会被显示为内联元素，元素前后没有换行符
inline-block	行内块元素
list-item	此元素会作为列表显示
run-in	此元素会根据上下文作为块级元素或内联元素显示
table	此元素会作为块级表格来显示，表格前后带有换行符
inline-table	此元素会作为内联表格来显示，表格前后没有换行符
table-row-group	此元素会作为一个或多个行的分组来显示
table-header-group	此元素会作为一个或多个行的分组来显示
table-footer-group	此元素会作为一个或多个行的分组来显示
table-row	此元素会作为一个表格行显示
table-column-group	此元素会作为一个或多个列的分组来显示
table-column	此元素会作为一个单元格列显示
table-cell	此元素会作为一个表格单元格显示
table-caption	此元素会作为一个表格标题显示

例如：使列表在一行中显示。

```
li { display: inline; }
```

2. 浮动

浮动（float）属性定义元素在哪个方向浮动。以往这个属性总应用于图像，使文本围绕在图像周围，不过在 CSS 中，任何元素都可以浮动。浮动元素会生成一个块级框，而不论它本身是何种元素。如果浮动非替换元素，则要指定一个明确的宽度；否则，它们会尽可能地窄。假如在一行之上只有极少的空间可供浮动元素，那么这个元素会跳至下一行，这个过程会持续到某一行拥有足够的空间为止。

float 属性的值为 left、right、none。其中 left 表示元素向左浮动；right 表示元素向右浮动；none 为默认值，表示元素不浮动，并会显示其在文本中出现的位置。例如：将图像向右浮动。

```
p { float: right; }
```

clear 属性规定元素的哪一侧不允许其他浮动元素。属性的值为 left、right、both、none。其中 left 表示在左侧不允许浮动元素；right 表示在右侧不允许浮动元素；both 表示在左右两侧均不允许浮动元素；none 为默认值，表示允许浮动元素出现在两侧。例如：图像向右浮动，并且两侧均不允许出现浮动元素。

```
p { float: right;
    clear: both;
  }
```

3. 列表

CSS 列表属性用来放置、改变列表项标志，或者将图像作为列表项标志。list-style 简写属性在一个声明中设置所有的列表属性。也可以分开来设置，包括 list-style-type、list-style-position、list-style-image。

list-style-type 属性设置列表项标记的类型。属性的值见表 15-2。

表 15-2   list-style-type 属性表

值	描 述
none	无标记
disc	默认。标记是实心圆
circle	标记是空心圆
square	标记是实心方块
decimal	标记是数字
decimal-leading-zero	以 0 开头的数字标记（01, 02, 03 等）
lower-roman	小写罗马数字（i, ii, iii, iv, v 等）
upper-roman	大写罗马数字（I, II, III, IV, V 等）
lower-alpha	小写英文字母 The marker is lower-alpha （a, b, c, d, e 等）
upper-alpha	大写英文字母 The marker is upper-alpha （A, B, C, D, E 等）
lower-greek	小写希腊字母（alpha, beta, gamma 等）
lower-latin	小写拉丁字母（a, b, c, d, e 等）
upper-latin	大写拉丁字母（A, B, C, D, E 等）
hebrew	传统的希伯来编号方式
armenian	传统的亚美尼亚编号方式
georgian	传统的乔治亚编号方式（an, ban, gan 等）
cjk-ideographic	简单的表意数字
hiragana	标记是：a, i, u, e, o, ka, ki 等（日文片假名）
katakana	标记是：A, I, U, E, O, KA, KI 等（日文片假名）
hiragana-iroha	标记是：i, ro, ha, ni, ho, he, to 等（日文片假名）
katakana-iroha	标记是：I, RO, HA, NI, HO, HE, TO 等（日文片假名）

例如，设置列表的标记为实心方块。

```
ul { list-style-type: square; }
```

list-style-position 属性设置在何处放置列表项标记。属性的值为 inside、outside。其中 inside 表示列表项目标记放置在文本以内，且环绕文本根据标记对齐；outside 为默认值，表示保持标记位于文本的左侧。列表项目标记放置在文本以外，且环绕文本不根据标记对齐。例如：设置列表的项目标记在文本以内。

```
ul { list-style-position: inside; }
```

list-style-image 属性使用图像来替换列表项的标记。属性的值为 URL、none。其中 URL 用来设置图像路径；none 为默认值，表示无图形被显示。例如：将图像设置为列表中的项目标记。

```
ul { list-style-image: url(" I/arrow.gif "); }
```

15.2　CSS 伪类与伪元素

15.2.1　CSS 伪类

伪类（Pseudo-Classes Reference）用于向某些选择器添加特殊的效果，让页面呈现丰富的表现力。之所以称为"伪"，是因为它们指定的对象在文档中并不存在，它们指定的是元素的某种状态。

应用最为广泛的伪类就是超链接的 4 种状态。在 HTML 页面内，只用<a>标签来标识链接元素，而并没有设置 4 种状态的代码，但是可以通过设置链接的伪类来使其呈现这些状态。选择符和伪类之间用英文分号隔开。

:link 伪类：向未访问的链接添加特殊的样式；:hover 伪类：在鼠标移到元素上时向此元素添加特殊的样式；:active 伪类：向激活（在鼠标点击与释放之间发生的事件）的元素添加特殊的样式；:visited 伪类：向已访问的链接添加特殊的样式。例如：设置超链接状态。

```
a:link {color: red ;}
a:visited{color: blue;}
a:hover{color: yellow;}
a:active{color: green;}
```

要注意的是，为了达到预期效果，a:hover 必须位于 a:link 和 a:visited 之后。且 a:active 必须位于 a:hover 之后。

在 CSS 中，除了上面这 4 个伪类以外，还有更多的伪类，但是有的没有得到浏览器的支持，有的是对应打印或者其他设备。

15.2.2　CSS 伪元素

CSS 伪元素用于向某些选择器设置特殊效果。

:first-letter 伪元素向文本的第一个字母添加特殊样式。font、color、background、margin、padding、border、text-decoration、vertical-align、text-transform、line-height、float、clear 这些属性都可以应用到:first-letter 伪元素上。

:first-line 伪元素向文本的首行添加特殊样式。font、color、background、word-spacing、letter-spacing、text-decoration、vertical-align、text-transform、line-height、clear 这些属性都可以应用到:first-line 伪元素上。

:before 伪元素在元素之前添加内容，这个伪元素允许创作人员在元素内容的最前面插入生成内容。默认地，这个伪元素是行内元素，不过可以使用属性 display 改变这一点。例如：在 h1 元素前播放一段声音。

```
h1:before
    {
        content:url(beep.wav);
    }
```

:after 伪元素在元素之后添加内容，这个伪元素允许创作人员在元素内容的最后面插入生成内容。默认地，这个伪元素是行内元素，不过可以使用属性 display 改变这一点。例如：在 h1 元素后播放一段声音。

```
h1:after
    {
        content:url(beep.wav);
    }
```

15.3　CSS 滤镜

CSS 强大的滤镜功能可以使网页元素的显示方式更丰富，它将把用户带入绚丽多姿的多媒体世界。正是有了滤镜属性，页面才变得更加漂亮。在介绍具体属性之前，先熟悉一下 CSS 滤镜的书写格式。CSS 滤镜属性的标识符是 filter，语法格式为：

```
filter: 滤镜名称（变量名称）
```

其中滤镜名称共有 14 种，这里介绍常用的几种。

15.3.1　透明度滤镜

alpha 是用来设置透明度的，语法格式为：

```
filter : alpha(opacity=值, finishopacity=值, style=值,
              startX=值, startY=值, finishX=值, finishY=值)
```

其中，opacity 代表透明度等级，可选值从 0 到 100，0 代表完全透明，100 代表完全不透明。style 参数指定了透明区域的形状特征。其中，0 代表统一形状；1 代表线性；2 代表放射状；3 代表长方形。finishopacity 是一个可选项，用来设置结束时的透明度，从而达到一种渐变效果，它的值也是从 0 到 100。startX 和 startY 代表渐变透明效果的开始坐标，finishX 和 finishY 代表渐变透明效果的结束坐标。如上所述，如果不设置透明渐变效果，那么只需设置 opacity 这一个参数即可。

例如，设置 alpha 属性，产生不同的透明效果，效果如图 15-1 所示。

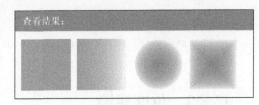

图 15-1　alpha 属性的透明效果

```
<html>
<head>
<style type="text/css">
  .half{
        width:100px; height:100px; background-color:#ff0066;
        filter:alpha (opacity=50);
    }
  .s1{
        width:100px; height:100px; background-color:#ff0066;
        filter:alpha(opacity=50,style=1);
    }
  .s2{
        width:100px; height:100px; background-color:#ff0066;
        filter:alpha(opacity=80,style=2)
    }
```

```
.s3{
        width:100px; height:100px; background-color:#ff0066;
        filter:alpha(opacity=80,style=3)
     }
</style>
</head>
<body>
    <div id=le class="half"></div>
    <div id=la class="s1"></div>
    <div id=lb class="s2"></div>
    <div id=lc class="s3"></div>
</body>
</html>
```

15.3.2　模糊滤镜

CSS 下的 blur 属性可以达到模糊的效果，blur 属性的语法格式为：

```
filter : blur(add=值, direction, strength=值)
```

可以看到 blur 属性有 3 个参数：add、direction、strength。add 参数有两个参数值：true 和 false，指定图片是否被改变成模糊效果。direction 参数用来设置模糊方向，模糊效果是按照顺时针方向进行的，其中 0°代表垂直向上，每 45°一个单位，默认值是向左的 270°。strength 参数值只能使用整数来指定，它代表有多少像素的宽度将受到模糊影响。默认值是 5 像素。

图 15-2　模糊效果

例如，设置 blur 属性，使文字产生模糊效果，其效果如图 15-2 所示。

```
<html>
<head>
<style>
   h2{ width:100%; }
</style>
</head>
<body>
    <h2 style="filter:blur(add=true,direction=200,strength=5)">模糊</h2>
</body>
</html>
```

15.3.3　色度滤镜

chroma 属性可以使一个元素中指定的颜色为透明色，它的语法格式为：

```
filter : chroma（color=值）
```

图 15-3　chroma 属性的透明效果

这个规则表达式很简单，它只有一个参数。只需要把想要指定透明的颜色用 color 参数设置出来就可以了。它可以使文字、图像或其他多媒体内容中指定的颜色部分均变为透明。

例如：设置 chroma 属性，使文字产生透明效果，其效果如图 15-3 所示。

```
<html>
<head>
<style>
   h2{ width:100%; }
</style>
</head>
```

```
<body>
    <h2 style="filter:chroma(color=black)">色度</h2>
</body>
</html>
```

15.3.4　水平翻转与垂直翻转

flip 是 CSS 滤镜的翻转属性，fliph 代表水平翻转，flipv 代表垂直翻转。它们的语法格式很简单，分别如下：

```
filter : fliph
filter : flipv
```

例如：使文字分别产生水平和垂直翻转。其效果如图 15-4 所示。

```
<html>
<head>
<style>
    h2{ width:30%; }
</style>
</head>
<body>
    <h2 style="filter:fliph">水平翻转</h2>
    <h2 style="filter:flipv">垂直翻转</h2>
</body>
</html>
```

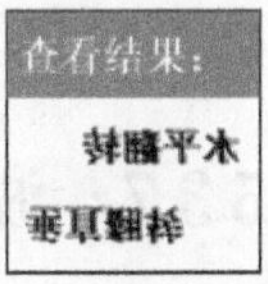

图 15-4　水平和垂直翻转

15.3.5　发光滤镜

当一个元素使用 glow 属性后，这个元素的边缘就会产生类似发光的效果。它的语法格式为：

```
filter : glow(color=值, strength=值)
```

glow 属性的参数只有两个：color 指定发光的颜色，strength 指定发光的强度，其值从 1 到 255。例如，使文字产生发光效果，其效果如图 15-5 所示。

```
<html>
<head>
<style>
    h2{ width:100%; }
</style>
</head>
<body>
    <h2 style="filter:glow(color=#339966,strength=5)">发光效果</h2>
</body>
</html>
```

图 15-5　发光效果

15.3.6　阴影滤镜

shadow 和 dropshadow 这两个属性都能使元素产生阴影效果，它们的规则表达式略有不同，格式分别如下：

```
filter:shadow(color=值, direction=值)
filter:dropshadow(color=值, offx=值, offy=值, positive=值)
```

在这里，shadow 有两个参数值：color 参数用来指定投影的颜色；direction 参数用来指定投影的方向。这里说的方向与在 blur 属性中提到的 "方向与角度的关系" 是一样的。

dropshadow 属性一共有 4 个参数：color 参数用来指定投影的颜色；offx 和 offy 分别是 x 方向

和 y 方向投影的偏移量。偏移量必须用整数值来设置。如果设置为正整数，代表 x 轴的右方向和 y 轴的下方向。设置负数则相反。positive 参数可以取两个值：true 为任何非透明像素建立可见投影，false 为透明的像素部分建立可见投影。

例如：分别为文字设置两种阴影效果，其效果如图 15-6 所示。

```html
<html>
<head>
<style>
    h2{ width:100%; }
</style>
</head>
<body>
    <h2 style="filter:shadow(color=ff0066,direction=230)">阴影</h2>
    <h2 style="filter:dropshadow(color=ff0066,offx=3,offy=-3,positive=true)">阴影</h2>
</body>
</html>
```

图 15-6　阴影效果

15.3.7　波纹滤镜

wave 属性用来把元素按照垂直的波纹样式打乱。它的语法格式如下：

```
filter : wave (add=布尔值, freq=频率, lightstrength=增强光,
                phase=偏移量, strength=强度)
```

wave 属性的表达式还是比较复杂的，它一共有 5 个参数。add 参数有两个参数值：true 代表显示原有元素，false 代表不显示原有元素；freq 参数指定生成波纹的频率，也就是指定在元素上共需要产生多少个完成的波纹；lightstrength 参数是为了使产生的波纹增强光的效果；参数值可以从 0 到 100；phase 参数用来设置正弦波开始的偏移量，这个值的通用值为 0，它的可变范围从 0 到 100。strength 参数，这个值代表开始时的偏移量占波长的百分比。比如该值为 25，代表正弦波从 90°（360×25%）的方向开始。

例如，使文字产生波动效果，其效果如图 15-7 所示。

```html
<html>
<head>
<style>
    h2{ width:100%; }
</style>
</head>
<body>
    <h2 style="filter:wave(add=false,freq=1,lightstrength=5,
                phase=0,strength=5)">波纹效果</h2>
</body>
</html>
```

图 15-7　波动效果

习　题

一、填空题

1. 对于规则 p{ border-color: red　yellow　blue　black }，边框的上、下、左、右边的颜色分别是_____、_____、_____和_____。

2. 伪类指定的对象在文档中并不存在，而是_____。

3. 使文字产生立体效果的滤镜有_____、_____和_____。

二、操作题

1. 按以下要求完成效果如图 15-8 所示的制作。

图 15-8　效果图

（1）使用伪类来设置文字的超链接状态。

（2）将网页链接文字的初始状态设置为：黑色，无下划线。

（3）将网页链接文字的鼠标滑过状态设置为：红色，有下划线。

（4）将网页链接文字的浏览过状态设置为：灰色，无下划线。

（5）将网页以文件名为 index.html 保存。

2. 按照自己的创意想法，制作滤镜文字。

第三篇
实践篇

第16章
小型企业网站制作

很多网站规模都不大，一般有 3～5 个栏目，有的栏目里甚至只包含一个页面，比如"公司简介"、"联系我们"这样的页面。这种小型网站所有的页面都是 HTML 静态页面，功能比较简单，更新频率比较慢，可能一年才更新一两次，有的甚至不更新。

许多中小型企业的网站都属于这种类型，这类网站一般只是为了展示一下公司形象，说明一下公司的业务范围、产品特色及联系方式等。本章将通过具体实例来分析、制作一个这样的网站。

16.1 分 析 图 纸

本实例是一个研发雨水利用技术的公司网站，其页面设计图如图 16-1 和图 16-2 所示。

图 16-1 网站首页设计图

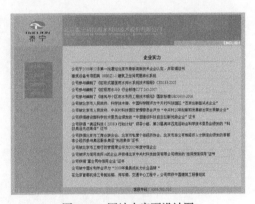

图 16-2 网站内容页设计图

16.1.1 设计分析

如图 16-3 所示，该网站的主色调是蓝色、灰色和白色，配以少量的黄绿色，文字为黑色。蓝色非常纯净，通常让人联想到"海洋"、"水"，符合公司的主题。并且"蓝色"代表的是沉稳、理智、准确，在商业设计中，强调科技、效率的企业形象。黄绿色的使用则使整个网站显得朝气蓬勃。

图 16-3 网站配色方案

页面的重点部分"公司简介"等采用了白色和浅灰色作为背景色，使得其非常醒目突出；黑色的文字清晰且容易辨认。

16.1.2 布局分析

搞清楚网页的布局，对于后面搭建页面非常重要，因为这将指导我们如何裁切设计图以及如何组装 HTML 页面。

当拿到设计稿以后，不要忙于着手切图，先看一下总体的布局设计，分析一下版式结构，对于以后 HTML 页面的搭建方法有一个大体的规划以后，再根据考虑好的规划来切图。

本实例中，整个网站的布局十分简单明了，主要是为了突出内容。

1. 首页

观察首页设计图，可以明显看出，首页主要分为左右两部分，左边是网站标识和研发项目，右边是公司简介、栏目列表和版本选择。具体分析如下：

- 页面整体有一个灰色的背景色，内容部分同页面顶部有一段距离。
- 页面整体在窗口中左右居中显示。
- 公司项目介绍部分的背景是一张背景图，并且下边有一条白色的虚线。
- 网站标识、公司定位和语言版本选择部分都采用了特殊字体，需要以图片的形式放置在网页上。
- 重点内容部分的蓝色背景上有白线的底纹。
- 栏目列表部分为无序列表，类型为"方块"。

综合这些分析结果，可以对如何利用层（div）来布局该页面有一个比较全面的设计规划。为了实现页面的整体居中，需要一个最外层（id=main）来放置所有的内容。如图 16-4 所示。

图 16-4　main 层

主要内容为左右并列的两个层，左边为放置标识和公司研发项目的层（id=left），右边为放置重点内容和语言版本选择的层（id=box）。如图 16-5 和图 16-6 所示。

公司标识层（id=logo）和研发项目层（id=explain）为上下顺序。如图 16-7 和图 16-8 所示。

重点内容层（id=text）和语言版本选择层（id=ver）为上下顺序。如图 16-9 和图 16-10 所示。

图 16-5　left 层

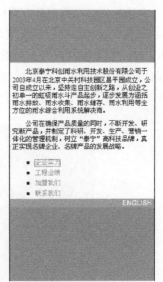

图 16-6　box 层

图 16-7　logo 层

图 16-8　explain 层

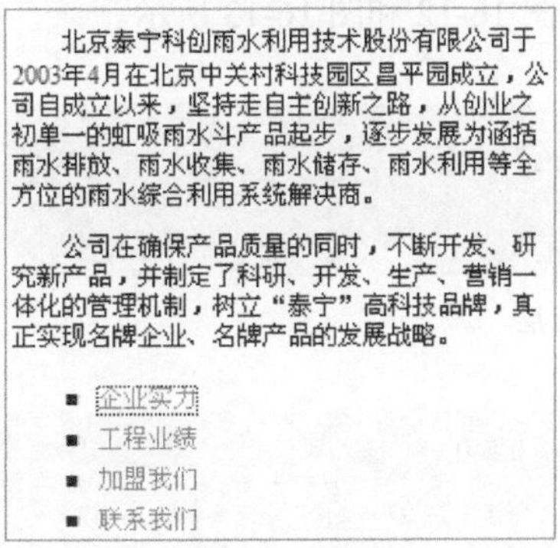

图 16-9　text 层

图 16-10　ver 层

层的关系确定了，基本上就可以决定切图的方案，所以在此处尽可能确定组合方案，避免到后面步骤再返工。

2. 内容页

观察内容页设计图，可以看出页面主要分为上下两个部分。上部分为"页头部"，下部分为主要内容部分。这种版式是小型网站比较常用的版式，其中下部分分为左右两部分，左窄右宽。具体分析如下：

- 页面整体有一个灰色的背景色，内容部分同页面顶部有一段距离。
- 页面整体在窗口中左右居中显示。
- 网页头的部分，背景是一张背景图，并且下边有一条白色的虚线。
- 网站标识和语言版本选择部分都采用了特殊字体，需要以图片的形式放置在网页上。

- 左边的栏目选择部分有草绿色的左边框，并且行与行之间有间隙。
- 虽然栏目选择部分具有底色和边框色，但是其组织形式还是无序列表，所以此处的结构同首页一样，只是需要设置不同的外观样式。

综合这些分析结果，可以对如何利用层（div）来布局该页面有一个比较全面的设计规划。为了实现页面的整体居中，需要一个最外层（id=main）来放置所有的内容。如图 16-11 所示。

图 16-11　main 层

该页面主要内容分为上下两个层，上边为放置标识和语言版本选择的层（id=header），下边为放置栏目选择、内容和客服专线的层（id=box）。如图 16-12 和图 16-13 所示。

图 16-12　header 层

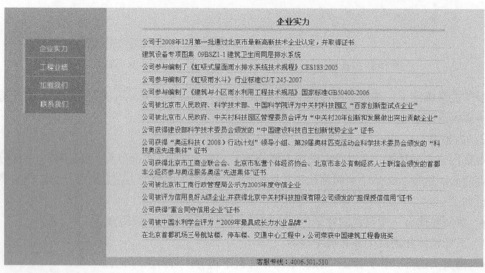

图 16-13　box 层

企业标识层（id=logo）和语言选择层（id=ver）为左右顺序。如图 16-14 和图 16-15 所示。

泰宁
北京泰宁科创雨水利用技术股份有限公司

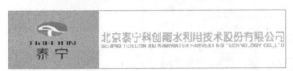

图 16-14　logo 层

ENGLISH

图 16-15　ver 层

放置栏目的层（id=menu）为左对齐，内容层（id=text）和客服专线层（id=footer）则为右对齐。如图 16-16、图 16-17 和图 16-18 所示。

企业实力
工程业绩
加盟我们
联系我们

图 16-16　menu 层

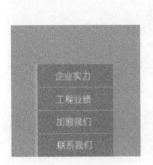

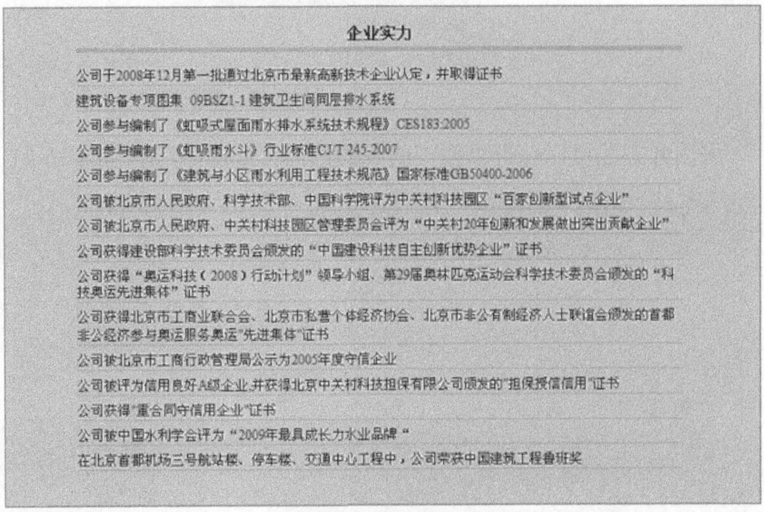
企业实力
公司于2008年12月第一批通过北京市最新高新技术企业认定，并取得证书
建筑设备专项图集 09BSZ1-1 建筑卫生间同层排水系统
公司参与编制了《虹吸式屋面雨水排水系统技术规程》CES183:2005
公司参与编制了《虹吸雨水斗》行业标准CJ/T 245-2007
公司参与编制了《建筑与小区雨水利用工程技术规范》国家标准GB50400-2006
公司被北京市人民政府、科学技术部、中国科学院评为中关村科技园区“百家创新型试点企业”
公司被北京市人民政府、中关村科技园区管理委员会评为“中关村20年创新和发展做出突出贡献企业”
公司获得建设部科学技术委员会颁发的“中国建设科技自主创新优势企业”证书
公司获得“奥运科技（2008）行动计划”领导小组、第29届奥林匹克运动会科学技术委员会颁发的“科技奥运先进集体”证书
公司获得北京市工商业联合会、北京市私营个体经济协会、北京市非公有制经济人士联谊会颁发的首都非公经济参与奥运服务奥运“先进集体”证书
公司被北京市工商行政管理局公示为2005年度守信企业
公司被评为信用良好A级企业,并获得北京中关村科技担保有限公司颁发的“担保授信信用”证书
公司获得“重合同守信用企业”证书
公司被中国水利学会评为“2009年最具成长力水业品牌”
在北京首都机场三号航站楼、停车楼、交通中心工程中，公司荣获中国建筑工程鲁班奖

图 16-17　text 层

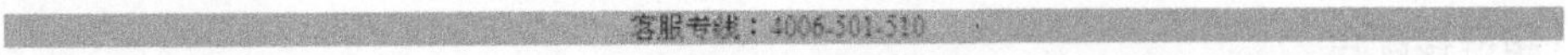
客服专线：4006-501-510

图 16-18　footer 层

对首页和内容页都作了比较详细的分析后，就可以开始分离元素、拆分图纸了。

16.2　拆分图纸

通过观察图纸，已经对网页的版式与颜色有了基本的认识，下面要把制作 HTML 页面需要的“原料”分离出来。这些原料一般包括尺寸、颜色、背景图、装饰性的线框、特殊字体的文字、装饰图片等。

16.2.1　提取颜色

通过前面的观察，已经可以确定首页和内容页的配色是统一的，所以只要提取一套配色值就可以了。

1．基本配色

因为本实例所使用的颜色较少，图片也比较简洁，所以颜色的提取也相对简单。

在 Photoshop 中打开设计图纸，使用“工具箱”中的“吸管”工具吸取相应的颜色部分，然后单击“前景色”，打开“拾色器”，查看其颜色值。如图 16-19 所示。

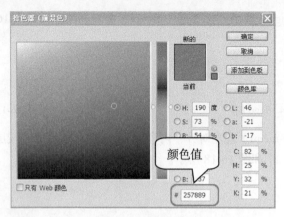

图 16-19　吸取颜色

采用此方法可以获得页面中的各颜色值，如图 16-20 和图 16-21 所示。

图 16-20　首页配色分析

图 16-21　内容页配色分析

2. 超链接配色

超链接配色，包括未访问过的链接（link）、已访问过的链接（visited）、鼠标悬停（hover）以及当前激活链接（active）4 种。同时，还有可能对应不同的背景色、边框等，所以要单独提取出来。采用前面所使用的取色方法，可以总结出超链接的配色，见表 16-1 和表 16-2。

表 16-1　　　　　　　　　　　　　　　首页超链接配色表

未访问过的链接（link）	已访问过的链接（visited）	鼠标悬停（hover）	当前激活链接（active）
#000000，无下划线	#666666，无下划线	#a9d418，无下划线	无定义

表 16-2　　　　　　　　　　　　　　　内容页超链接配色表

未访问过的链接（link）	已访问过的链接（visited）	鼠标悬停（hover）	当前激活链接（active）
#FFFFFF，无下划线	#999999，无下划线	#a9d418，无下划线	无定义

16.2.2　拆分首页

通过分析首页设计图纸，需要提取出组装页面用的布局尺寸、位置、背景图、边框、装饰线以及特殊插图等。

1. 提取尺寸

盖房子要按照图纸上标注的尺寸来盖，房子的长宽、什么地方开窗、什么地方是门等都有详细的尺寸，不然，房子肯定会盖得面目全非。制作网页也是一样，按照设计图的尺寸来搭建网页才会符合图纸上的设计。

这里所说的尺寸，包括宽度（width）、高度（height）、边界（margin）、填充（padding）、边框（border）以及 XY 坐标等。

根据对首页所做的布局分析，在这里，将对每一个层以及层里面的内容进行尺寸的提取。将图纸用 Photoshop 打开，打开"标尺"，逐一进行测量。最终提取出的尺寸如图 16-22 所示。

图 16-22　首页尺寸

2. 分离背景图

之所以先要分离背景图，是因为背景图一般包括大面积的重复图案区，而背景图上面一般还会有其他的图片或文字，所以需要先把背景图分离出来，然后再对背景图上面的图片或文字进行处理。

浏览器会自动对背景图进行重复显示，可以通过设定 CSS 来控制背景图的显示方式，横向重复、纵向重复或者重复。灵活地使用背景图就可以用比较小的图片来实现比较大的有规律的图案，这样既提高了页面的显示速度，又达到了美观的目的。

（1）main 层背景图

通过观察，main 层既有背景色又有背景图，如图 16-23 所示。

放大设计图，很容易分析出，此背景除了大面积的蓝色背景色之外，中间的部分是下方带有一条白色虚线的淡蓝色矩形背景图。通过观察，此背景图可以截出一个虚线线段的宽度。命名为"home_main_bg"，如图 16-24 所示。

图 16-23　main 层背景　　　　　　　图 16-24　main 层截取背景图

背景图上部分是透明区域，可以透出深蓝色的背景色；中间部分是浅蓝色区域；下部分是一个白色虚线线段。将此背景图"横向重复"，就可以铺满整个 main 层，呈现出我们所设计的效果。

（2）explain 层背景图

explain 层的背景图没有任何规律，所以直接裁切就可以了。将基命名为"home_explain_bg"，如图 16-25 所示。

（3）box 层背景图

box 层的背景图是淡蓝色条状底纹，截取一小段淡蓝色线段就可以了。淡蓝色线段横向重复能变成一条长线，再纵向重复就可以铺满整个 box 层，如图 16-26 所示。

图 16-25　explain 层截取背景图　　　　　　图 16-26　box 层截取背景图

3. 分离图片

图片一般包括 3 方面的内容：装饰性大图片、使用了特殊字体的文字以及特殊的小图标。

（1）网站标识

在 Photoshop 中，将网站标识截取出来，右侧的文字部分背景透明，如图 16-27 所示。将其命名为"home_logo"。

（2）使用了特殊字体的文字

由于企业定位"中国雨水资源化产业领导者"使用了特殊的字体，因此，在 Photoshop 中，将企业定位的文字截取成图片显示，背景设置透明，如图 16-28 所示。将其命名为"home_explain_img"。

图 16-27　网站标志　　　　　　　　　　　　图 16-28　企业定位

还有语言版本的选择"English"也是使用了特殊字体的文字。用上述方法将"English"也截取出来，将其命名为"ver_en"。

至此，首页中的图片就全部设置完成了。

16.2.3　拆分内容页

1. 提取尺寸

根据前面对内容页所做的布局分析，在这里将对每一个层以及层里面的内容进行尺寸的提取。将图纸用 Photoshop 打开，用"标尺"逐一进行测量。最终提取出的尺寸如图 16-29 和图 16-30 所示。

图 16-29　内容页尺寸

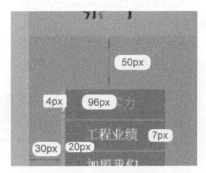

图 16-30　menu 部分尺寸

2. 分离背景图

通过观察，图纸中只有 header 层有背景图，并且该背景图没有规律，直接截取就可以，如图 16-31 所示。将其命名为"s_header_bg"。

3. 分离图片

分析内容页图纸，发现内容页的图片很简单，只要对网站标识部分进行截取就可以了，如图 16-32 所示。将其命名为"s_logo"。

图 16-31　header 层背景图

图 16-32　网站标志

至此，内容页中的图片就全部设置完成了。

16.3　组　　装

在制作 HTML 页面之前，需要先建立一个站点。

（1）在计算机中建立一个文件夹，将其命名为"site"（文件夹名称可以根据站点的内容自己设置，但不能使用中文名称）。

（2）在 site 文件夹中再建立一个文件夹，将其命名为"images"，专门放置网站中要用到的图片。现在，将前几步截取出来的图片放置到 images 文件夹中。

（3）如果网站还应用到其他的元素，也将其分类放置，例如：flash 动画放置到"flash"文件夹；音频和视频文件放置到"media"文件夹。

（4）网页文件如果比较少，可以直接放置到 site 文件夹下；如果页面比较多，也可以为每个页面单独建立文件夹。本实例中直接放置在 site 文件夹下即可。

16.3.1　定义站点

将建立好的文件夹用 Dreamweaver 定义成站点，这样软件就会对这个站点内的文件进行管理，比如自动更新链接、创建更新模板等，同时也方便对站点内的文件进行管理和操作，还可以共享文件以及将站点文件传输到 Web 服务器等。

（1）启动 Dreamweaver，选择"文件"面板上的"管理站点"命令，弹出"管理站点"窗口，如图 16-33 所示。

（2）单击"新建"命令，打开"站点设置对象"对话框，在"站点名称"文本框中输入站点名称"tai-ning"，如图 16-34 所示。

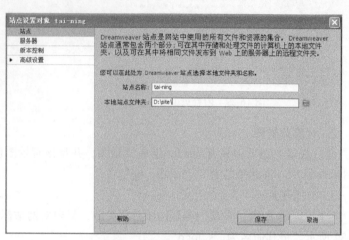

图 16-33 "管理站点"窗口

图 16-34 输入站点名称

（3）单击"本地站点文件夹"文本框旁边的"文件夹"图标，打开"选择根文件夹"对话框，如图 16-35 所示，选择已经建立好的"site"文件夹，单击"选择"按钮，返回"站点设置对象"对话框。

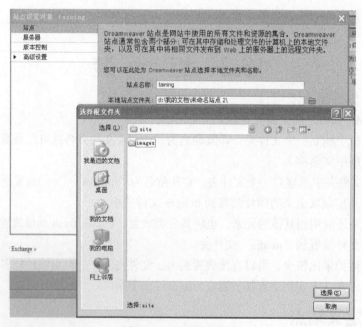

图 16-35 选择根文件夹

（4）选择"高级设置"中的"本地信息"，如图 16-36 所示。

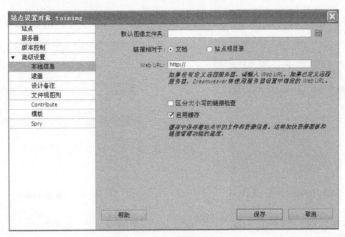

图 16-36　"本地信息"项

（5）单击"默认图像文件夹"右边的"文件夹"图标，打开"选择图像文件夹"对话框，选择"site-images"文件夹；"链接相对于"选项选择"文档"，如图 16-37 所示。

（6）单击"保存"按钮回到"管理站点"对话框，单击"完成"按钮。界面右侧的"文件"面板会出现刚刚建立的站内"tai-ning"，如图 16-38 所示。

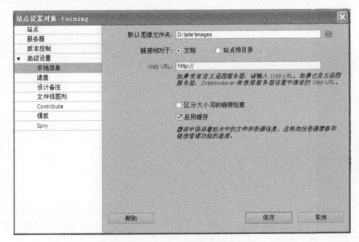

图 16-37　设置"本地信息"项

图 16-38　"文件"面板

站点定义完成，就可以开始创建站点内的页面文件了。

16.3.2　首页

首页整体居中，最外面是 main 层，main 层内包含 left 层和 box 层。left 层包含 logo 层和 explain 层，box 层包含 text 层和 ver 层，如图 16-39 所示。因此，可以先对页面的整体布局结构进行搭建，然后再插入内容，最后对所有元素进行 CSS 外观设置。

1. 整体布局

在布局的过程中，按照图 16-39 所示的层次关系，从左到右、从上到下来建立层。

（1）在"文件"面板的站点上单击鼠标右键，选择"新建

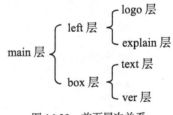

图 16-39　首页层次关系

文件"命令，并将新建的 HTML 文件命名为"index.html"。如图 16-40 和图 16-41 所示。

图 16-40　新建文件

图 16-41　命名 index

（2）双击 index 文件，将其打开，效果如图 16-42 所示。

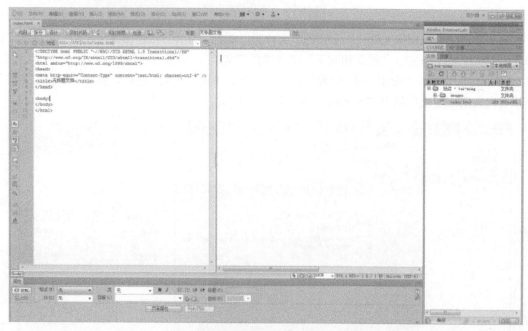

图 16-42　index 文件

（3）单击"插入：常用"栏中的"插入 Div 标签"按钮，打开"插入 Div 标签"对话框，如图 16-43 所示。

（4）在"插入 Div 标签"对话框的"ID"列表框内填入"main"，如图 16-44 所示。

图 16-43　插入 Div 标签

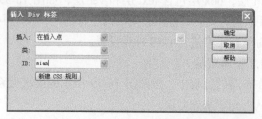

图 16-44　"插入 Div 标签"对话框

（5）单击"确定"按钮，此时软件会自动插入 HTML 代码，如图 16-45 所示。

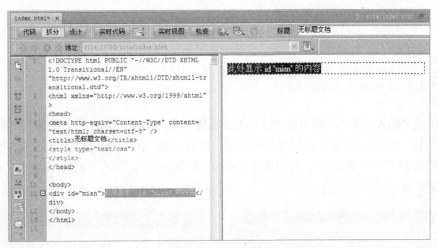

图 16-45　main 层

（6）单击"插入：常用"栏中的"插入 Div 标签"项，插入 left 层。将其与之前所插入的 main 层相比较，left 层与 main 层是包含关系，所以，在"插入 Div 标签"对话框中的"插入"下拉列表中选择"在开始标签之后"，后面选择"<div id="main">"；"ID"列表框输入"left"。如图 16-46 所示。

```
<body>
  <div id="main">
    <div id="left"> 此处显示 id "left" 的内容</div>
  此处显示 id "main" 的内容</div>
</body>
```

（7）单击"插入：常用"栏中的"插入 Div 标签"项，插入 box 层。将其与之前所插入的 left 层相比较，box 层与 left 层是并列关系，所以在"插入 Div 标签"对话框中的"插入"下拉列表中选择"在标签之后"，后面选择"<div id="left">"；"ID"列表框中输入"box"。如图 16-47 所示。

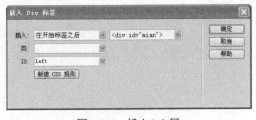

图 16-46　插入 left 层

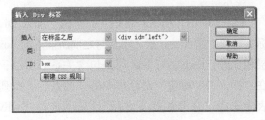

图 16-47　插入 box 层

```
<body>
  <div id="main">
    <div id="left"> 此处显示 id "left" 的内容</div>
    <div id="box"> 此处显示 id "box" 的内容</div>
  此处显示 id "main" 的内容</div>
</body>
```

（8）单击"插入：常用"栏中的"插入 Div 标签"项，插入 logo 层。将其与之前所插入的 left 层相比较，logo 层与 left 层是包含关系，所以，在"插入 Div 标签"对话框中的"插入"下拉列表中选择"在开始标签之后"，后面选择"<div id="left">"；"ID"列表框中输入"logo"。如图 16-48 所示。

```
<body>
    <div id="main">
        <div id="left">
            <div id="logo">  此处显示 id "logo" 的内容</div>
        此处显示 id "left" 的内容</div>
        <div id="box"> 此处显示 id "box" 的内容</div>
    此处显示 id "main" 的内容</div>
</body>
```

（9）单击"插入：常用"栏中的"插入 Div 标签"项，插入 explain 层。将其与之前所插入的 logo 层相比较，explain 层与 logo 层是并列关系，所以，在"插入 Div 标签"对话框中的"插入"下拉列表中选择"在标签之后"，后面选择"<div id="logo">"；"ID"列表框中输入"explain"。如图 16-49 所示。

图 16-48　插入 logo 层

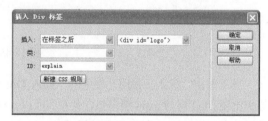

图 16-49　插入 explain 层

```
<body>
    <div id="main">
        <div id="left">
            <div id="logo">  此处显示 id "logo" 的内容</div>
            <div id="explain">  此处显示 id "explain" 的内容</div>
        此处显示 id "left" 的内容</div>
        <div id="box">  此处显示 id "box" 的内容</div>
    此处显示 id "main" 的内容</div>
</body>
```

（10）单击"插入：常用"栏中的"插入 Div 标签"项，插入 text 层。将其与之前所插入的 box 层相比较，text 层与 box 层是包含关系，所以，在"插入 Div 标签"对话框中的"插入"下拉列表中选择"在开始标签之后"，后面选择"<div id="box">"；"ID"列表框输入"text"。如图 16-50 所示。

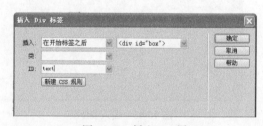

图 16-50　插入 text 层

```
<body>
    <div id="main">
        <div id="left">
            <div id="logo">  此处显示 id "logo" 的内容</div>
            <div id="explain">  此处显示 id "explain" 的内容</div>
        此处显示 id "left" 的内容</div>
        <div id="box">
            <div id="text">  此处显示 id "text" 的内容</div>
        此处显示 id "box" 的内容</div>
```

此处显示 id "main" 的内容</div>
　　　　</body>

　　（11）单击"插入：常用"栏中的"插入 Div 标签"项，插入 ver 层。将其与之前所插入的 text 层相比较，ver 层与 text 层是并列关系，所以，在"插入 Div 标签"对话框中的"插入"下拉列表中选择"在标签之后"，后面选择" <div id="text">"；"ID"列表框中输入"ver"。如图 16-51 所示。

图 16-51　插入 ver 层

```
<body>
    <div id="main">
        <div id="left">
            <div id="logo">  此处显示 id "logo" 的内容</div>
            <div id="explain">  此处显示 id "explain" 的内容</div>
        此处显示 id "left" 的内容</div>
            <div id="box">
                <div id="text">  此处显示 id "text" 的内容</div>
                <div id="ver">  此处显示 id "ver" 的内容</div>
        此处显示 id "box" 的内容</div>
        此处显示 id "main" 的内容</div>
</body>
```

整体布局的代码部分已经完成，下面就可以插入图片与文字内容了。

2．插入内容

本实例的内容比较简单，只有少量的文字和图片。从上面的层次关系图中，我们可以发现只有最末端的层内才有内容，因此我们先整理一下代码。选择没有内容的层，将层保留，但是要将里面的内容清空。

```
<body>
    <div id="main">
        <div id="left">
            <div id="logo">  此处显示 id "logo" 的内容</div>
            <div id="explain">  此处显示 id "explain" 的内容</div>
        </div>
        <div id="box">
            <div id="text">  此处显示 id "text" 的内容</div>
            <div id="ver">  此处显示 id "ver" 的内容</div>
        </div>
    </div>
</body>
```

　　（1）首先插入"logo"层内容，"logo"层内只有一张图片。将光标放置到"logo"层中，单击"插入图像"按钮，插入"home_logo.gif"图像。效果如图 16-52 所示。

　　（2）插入"explain"层内容，"explain"层内有一张图片以及 3 行文字。将光标放置到"explain"层中，单击"插入图像"按钮，插入"home_explain_img.gif"图像；再输入 3 段文字。注意，此处将图像外侧的多余<p></p>标签删除。效果如图 16-53 所示。

　　（3）插入"text"层内容，"text"层内有文本与栏目列表。将光标放置到"text"层中，输入文本以及无序列表。效果如图 16-54 所示。

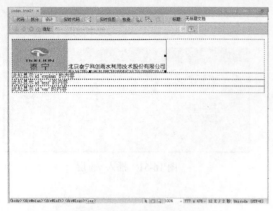

图 16-52　logo 层插入内容

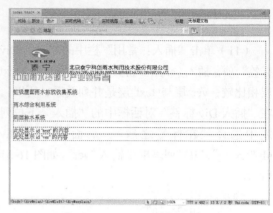

图 16-53　explain 层插入内容

（4）插入"ver"层内容，"ver"层内有一张图片。将光标放置到"ver"层中，插入图像"ver_en.gif"。效果如图 16-55 所示。

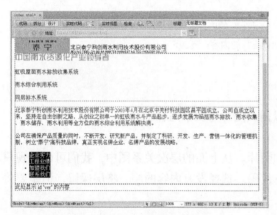

图 16-54　text 层插入内容

图 16-55　ver 层插入内容

代码如下：

```
<body>
<div id="main">
  <div id="left">
    <div id="logo">
      <img src="images/home_logo.gif" alt="logo" width="466" height="97"/>
    </div>
    <div id="explain">
      <img src="images/home_explain_img.gif" alt="ex" width="287" height="23"/>
      <p>虹吸屋面雨水排放收集系统</p>
      <p>雨水综合利用系统</p>
      <p>同层排水系统</p>
    </div>
  </div>
  <div id="box">
    <div id="text">
      <p>北京泰宁科创雨水利用技术股份有限公司于 2003 年 4 月在北京中关村科技园区昌平园成立，公司自成立以来，坚持走自主创新之路，从创业之初单一的虹吸雨水斗产品起步，逐步发展为涵括雨水排放、雨水收集、雨水储存、雨水利用等全方位的雨水综合利用系统解决商。</p>
```

　　`<p>`公司在确保产品质量的同时，不断开发、研究新产品，并制定了科研、开发、生产、营销一体化的管理机制，树立"泰宁"高科技品牌，真正实现名牌企业、名牌产品的发展战略。`</p>`

```
        <ul>
            <li>企业实力</li>
            <li>工程业绩</li>
            <li>加盟我们</li>
            <li>联系我们</li>
        </ul>
    </div>
    <div id="ver">
            <img src="images/ver_en.gif" alt="english" width="57" height="16"/>
    </div>
    </div>
</div>
</body>
```

至此，内容已经添加完成，下面就要通过设置 CSS 来完成页面的定位和美化工作。

3. CSS 设置

为页面设置 CSS 样式通常包含以下几个步骤：

① 定义通用规则；

② 定义`<body>`标签；

③ 定义各个层以及层里面的内容；

④ 定义超链接。

在定义各个层时，一般从这几个方面着手：长、宽、背景图、背景色、层位置、边框等。

下面我们就按上述步骤来设置页面的 CSS 样式。

首先定义通用规则。

（1）打开"CSS 样式"面板，单击面板右下角的"新建"按钮，打开"新建 CSS 规则"对话框。如图 16-60 所示。

（2）在"选择器类型"中选择"标签（重新定义 HTML 元素）"；在"选择器名称"中输入"*"；在"规则定义"中选择"新建样式表文件"，为页面建立一个外部 CSS 文件。效果如图 16-57 所示。

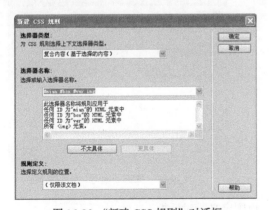

图 16-56　"新建 CSS 规则"对话框

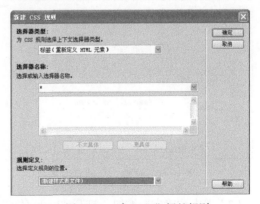

图 16-57　建立"*"标签规则

（3）单击"确定"按钮，打开"将样式表文件另存为"对话框，单击"新建文件夹"按钮，为样式表文件新建文件夹"style"。将整个网站中的样式表文件都存储在此文件夹中进行分类管理。如图 16-58 所示。

（4）双击打开"style"文件夹，将新建的样式表文件命名为"home_style"，如图 16-59 所示，单击"保存"按钮，打开"*的 CSS 规则定义"对话框。

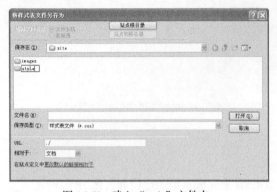 

图 16-58　建立"style"文件夹　　　　　　　图 16-59　建立"home_style.css"文件

（5）在"*的 CSS 规则定义"对话框中的"分类"列表框内选择"方框"，"填充"和"边界"均设置为"0"；选择"边框"，设置"宽度"为"0"。效果如图 16-60 所示。

相应的 CSS 代码如下：

```
*  {
    margin: 0px;
    padding: 0px;
    border-top-width: 0px;
    border-right-width: 0px;
    border-bottom-width: 0px;
    border-left-width: 0px;
}
```

接下来对页面<body>标签进行设置。

（1）打开"CSS 样式"面板，单击面板右下角的"新建"按钮，打开"新建 CSS 规则"对话框，设置定义选项。如图 16-61 所示。

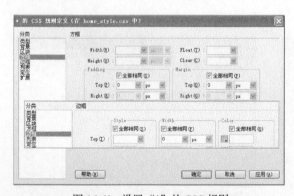 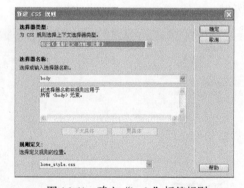

图 16-60　设置"*"的 CSS 规则　　　　　　图 16-61　建立"body"标签规则

（2）单击"确定"按钮，打开"body 的 CSS 规则定义"对话框。

（3）在"分类"列表框内选择"背景"属性，在"背景颜色"文本框内输入"#CCCCCC"，效果如图 16-62 所示。

（4）在"分类"列表框内选择"方框"属性，在"Margin（Top）"中输入"40"，效果如图 16-63

所示。

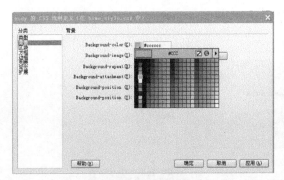

图 16-62　设置背景色

图 16-63　设置上边界

相应的 CSS 代码如下：

```
body {
        background-color: #CCCCCC;
        margin-top: 40px;
    }
```

接下来，将对组成页面的层以及层里的内容进行定义。

首先是 main 层。

（1）选取 main 层，单击"新建 CSS 规则"按钮，打开"新建 CSS 规则"对话框。在对话框内，软件已经自动将"选择器类型"设置为"ID（仅应用于一个 HTML 元素）"，且"选择器名称"中自动填入"#main"，"规则定义"选项选择"home_style.css"，单击"确定"按钮，打开"#main 的 CSS 规则定义（在 home_style.css 中）"对话框。

（2）在"分类"列表框内选择"方框"属性，设置宽 770px，高 500px，左右边界为自动，效果如图 16-64 所示。

（3）在"分类"列表框内选择"背景"属性，设置背景色为#257889，设置背景图为"home_main_bg.gif"，横向重复，效果如图 16-65 所示。

图 16-64　设置尺寸与位置

图 16-65　设置背景

（4）单击"确定"按钮，设置的样式表将应用到文件中。效果如图 16-66 所示。

相应的 CSS 代码为：

```
#main {
        background-color: #257889;
        background-image: url(../images/home_main_bg.gif);
        background-repeat: repeat-x;
```

```
        height: 500px;
        width: 770px;
        margin-right: auto;
        margin-left: auto;
}
```

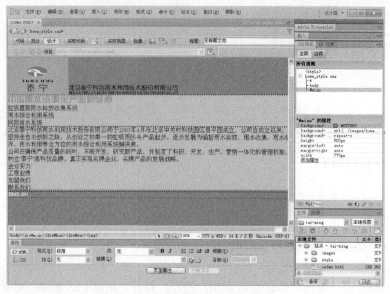

图 16-66　定义了 main 层的页面

main 层定义完毕，接下来要定义的是 left 层。

（1）选取 left 层，单击"新建 CSS 规则"按钮，打开"新建 CSS 规则"对话框。在对话框内，软件已经自动将"选择器类型"设置为"复合内容（基于选择的内容）"，且"选择器名称"中自动填入"#left"，"规则定义"选项选择"home_style.css"，单击"确定"按钮，打开"#left 的 CSS 规则定义（在 home_style.css 中）"对话框。

（2）在"分类"列表框内选择"方框"属性，设置宽 466px，浮动为左对齐，效果如图 16-67 所示。

（3）单击"确定"按钮，设置的样式表将应用到文件中。效果如图 16-68 所示。

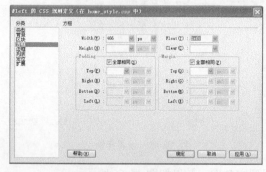

图 16-67　设置方框属性

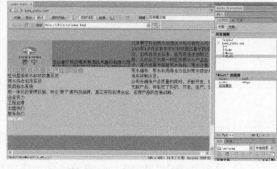

图 16-68　定义了 left 层的页面

相应的 CSS 代码为：

```
#left {
        float: left;
        width: 466px;
}
```

left 层定义完毕，下面定义 logo 层的样式。

（1）选取 logo 层，单击"新建 CSS 规则"按钮，打开"新建 CSS 规则"对话框。在对话框内，软件已经自动将"选择器类型"设置为"复合内容（基于选择的内容）"，且"选择器名称"中自动填入"#logo"，"规则定义"选项选择"home_style.css"，单击"确定"按钮，打开"#logo 的 CSS 规则定义（在 home_style.css 中）"对话框。

（2）在"分类"列表框内选择"方框"属性，设置浮动为左对齐，效果如图 16-69 所示。

（3）单击"确定"按钮，设置的样式表将应用到文件中。效果如图 16-70 所示。

图 16-69　设置方框属性　　　　　　　　图 16-70　定义了 logo 层的页面

相应的 CSS 代码为：

```
#logo {
        float: left;
    }
```

logo 层定义完毕，接下来定义 explain 层。

（1）选取 explain 层，单击"新建 CSS 规则"按钮，打开"新建 CSS 规则"对话框。在对话框内，软件已经自动将"选择器类型"设置为"复合内容（基于选择的内容）"，且"选择器名称"中自动填入"#explain"，"规则定义"选项选择"home_style.css"，单击"确定"按钮，打开"# explain 的 CSS 规则定义（在 home_style.css 中）"对话框。

（2）在"分类"列表框内选择"方框"属性，设置宽 466px，高 250px，浮动为左对齐，效果如图 16-71 所示。

（3）在"分类"列表框内选择"背景"属性，设置背景图为"home_explain_bg.gif"，不重复，效果如图 16-72 所示。

图 16-71　设置方框属性　　　　　　　　图 16-72　设置背景

（4）单击"确定"按钮，设置的样式表将应用到文件中。效果如图 16-73 所示。

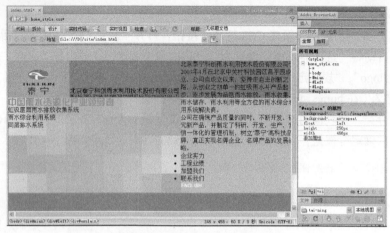

图 16-73　定义了 explain 层的页面

（5）设置 explain 层内图片的 CSS 样式：选中图片，单击"新建 CSS 规则"按钮，打开"新建 CSS 规则"对话框。效果如图 16-74 所示。

（6）在"分类"列表框内选择"方框"属性，设置上边界为 75px，左边界为 53px，效果如图 16-75 所示。

图 16-74　建立"#explain img"规则

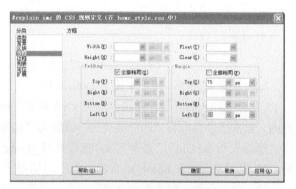

图 16-75　设置方框属性

（7）单击"确定"按钮，设置的样式表将应用到文件中。效果如图 16-76 所示。

（8）设置 explain 层内段落的 CSS 样式：选中段落，单击"新建 CSS 规则"按钮，打开"新建 CSS 规则"对话框。效果如图 16-77 所示。

图 16-76　定义了#explain img 的页面

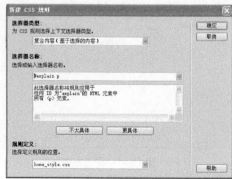

图 16-77　建立"#explain p"规则

（9）在"分类"列表框内选择"方框"属性，设置上边界为5px，左边界为53px，效果如图 16-78 所示。

（10）在"分类"列表框内选择"类型"属性，设置字号大小为12px，颜色为#379FB4，效果如图 16-79 所示。

图 16-78　设置方框属性

图 16-79　设置类型

（11）单击"确定"按钮，设置的样式表将应用到文件中。效果如图 16-80 所示。

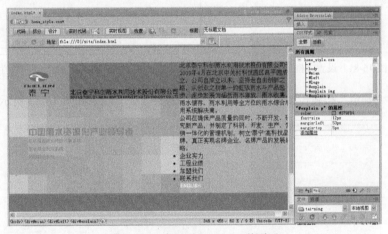

图 16-80　定义了 #explain p 的页面

相应的 CSS 代码为：

```
#explain {
        background-image: url(../images/home_explain_bg.gif);
        background-repeat: no-repeat;
        float: left;
        height: 250px;
        width: 466px;
    }
#explain img {
            margin-top: 75px;
            margin-left: 53px;
        }
#explain p {
        font-size: 12px;
        color: #379FB4;
        margin-top: 5px;
        margin-left: 53px;
    }
```

explain 层定义完毕，接下来定义 box 层。

（1）选取 box 层，单击"新建 CSS 规则"按钮，打开"新建 CSS 规则"对话框。在对话框内，软件已经自动将"选择器类型"设置为"复合内容（基于选择的内容）"，且"选择器名称"中自动填入"#box"，"规则定义"选项选择"home_style.css"，单击"确定"按钮，打开"#box 的 CSS 规则定义（在 home_style.css 中）"对话框。

（2）在"分类"列表框内选择"方框"属性，设置宽 270px，高 500px，浮动为左对齐，效果如图 16-81 所示。

（3）在"分类"列表框内选择"背景"属性，设置背景色为#3798b4，背景图为 home_box_bg.gif，重复，效果如图 16-82 所示。

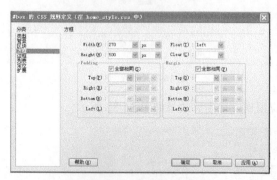

图 16-81　设置方框属性　　　　　　图 16-82　设置背景属性

（4）单击"确定"按钮，设置的样式表将应用到文件中。效果如图 16-83 所示。

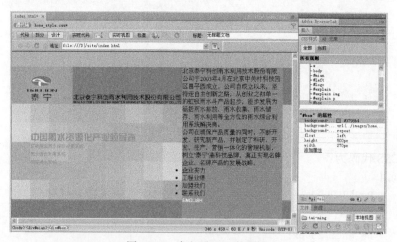

图 16-83　定义了#box 的页面

相应的 CSS 代码为：

```css
#box {
        background-color: #3798b4;
        background-image: url(../images/home_box_bg.gif);
        background-repeat: repeat;
        float: left;
        height: 500px;
        width: 270px;
}
```

box 层定义完毕，接下来定义 text 层。

（1）选取 text 层，单击"新建 CSS 规则"按钮，打开"新建 CSS 规则"对话框。在对话框内，软件已经自动将"选择器类型"设置为"复合内容（基于选择的内容）"，且"选择器名称"中自动填入"#text"，"规则定义"选项选择"home_style.css"，单击"确定"按钮，打开"#text 的 CSS 规则定义（在 home_style.css 中）"对话框。

（2）在"分类"列表框内选择"方框"属性，设置宽 270px，高 250px，上边界 97px，效果如图 16-84 所示。

（3）在"分类"列表框内选择"背景"属性，设置背景色为#FFFFFF，效果如图 16-85 所示。

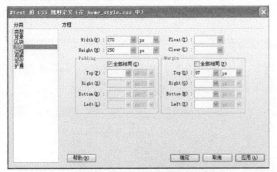

图 16-84　设置方框属性

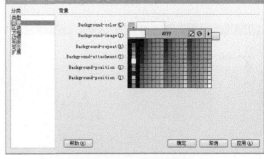

图 16-85　设置背景属性

（4）单击"确定"按钮，设置的样式表将应用到文件中。效果如图 16-86 所示。

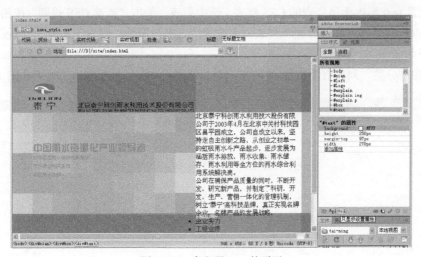

图 16-86　定义了#text 的页面

（5）设置 text 层内段落的 CSS 样式：选中段落，单击"新建 CSS 规则"按钮，打开"新建 CSS 规则"对话框。在"分类"列表框内选择"方框"属性，设置上边界为 10px，左边界为 5px，右边界为 5px，效果如图 16-87 所示。

（6）在"分类"列表框内选择"类型"属性，设置字号大小为 12px，效果如图 16-88 所示。

（7）在"分类"列表框内选择"区块"属性，设置文字缩进为 2ems（2 个字体高），效果如图 16-89 所示。

（8）单击"确定"按钮，设置的样式表将应用到文件中。效果如图 16-90 所示。

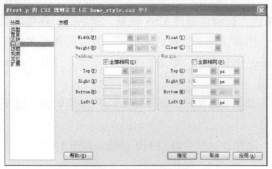

图 16-87　设置方框属性

图 16-88　设置类型属性

图 16-89　设置区块属性

图 16-90　定义了#text p 的页面

（9）设置 text 层内无序列表的 CSS 样式：选中列表，单击"新建 CSS 规则"按钮，打开"新建 CSS 规则"对话框。在"分类"列表框内选择"方框"属性，设置上边界为 10px，左边界为30px，效果如图 16-91 所示。

（10）在"分类"列表框内选择"类型"属性，设置字号大小为 12px，效果如图 16-92 所示。

图 16-91　设置方框属性

图 16-92　设置类型属性

（11）在"分类"列表框内选择"列表"属性，设置列表类型为方块，位置为内，效果如图 16-93 所示。

（12）单击"确定"按钮，设置的样式表将应用到文件中。效果如图 16-94 所示。

相应的 CSS 代码为：

```
#text {
        background-color: #FFFFFF;
        height: 250px;
```

```
        width: 270px;
        margin-top: 97px;
    }
#text p {
        font-size: 12px;
        text-indent: 2ems;
        margin-top: 10px;
        margin-right: 5px;
        margin-left: 5px;
    }
#text ul {
        font-size: 12px;
        margin-top: 10px;
        margin-left: 30px;
        list-style-position: inside;
        list-style-type: square;
    }
```

图 16-93　设置列表属性

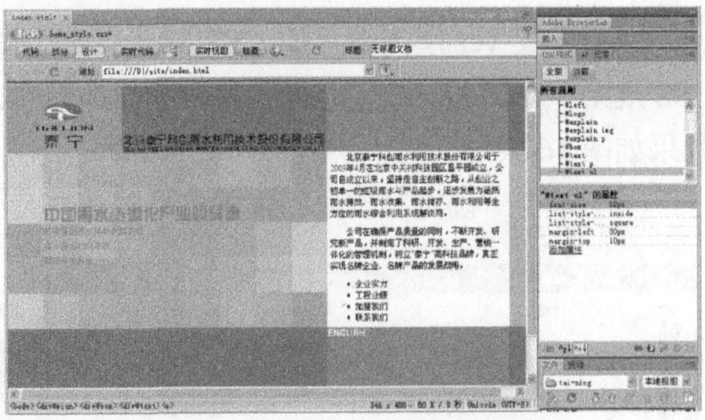

图 16-94　定义了#text ul 的页面

text 层定义完毕，接下来定义 ver 层。

（1）选取 ver 层，单击"新建 CSS 规则"按钮，打开"新建 CSS 规则"对话框。在对话框内，软件已经自动将"选择器类型"设置为"复合内容（基于选择的内容）"，且"选择器名称"中自动填入"#ver"，"规则定义"选项选择"home_style.css"，单击"确定"按钮，打开"#ver 的 CSS 规则定义（在 home_style.css 中）"对话框。

（2）在"分类"列表框内选择"方框"属性，设置宽 270px，高 16px，效果如图 16-95 所示。

（3）在"分类"列表框内选择"背景"属性，设置背景色为#a9d418，效果如图 16-96 所示。

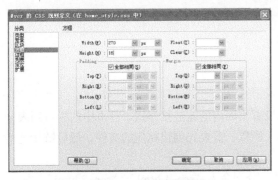

图 16-95　设置方框属性

图 16-96　设置背景

（4）单击"确定"按钮，设置的样式表将应用到文件中。效果如图 16-97 所示。

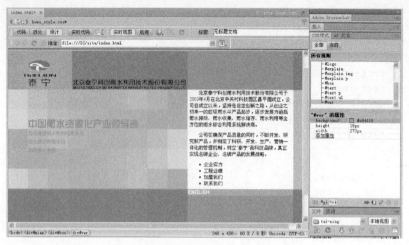

图 16-97　定义了#ver 的页面

（5）设置 ver 层内图片的 CSS 样式：选中图片，单击"新建 CSS 规则"按钮，打开"新建 CSS 规则"对话框。在"分类"列表框内选择"方框"属性，设置浮动为左对齐，右边界为 4px，效果如图 16-98 所示。

（6）单击"确定"按钮，设置的样式表将应用到文件中。效果如图 16-99 所示。

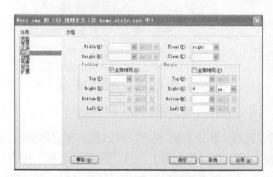

图 16-98　设置方框属性

图 16-99　定义了#ver img 的页面

相应的 CSS 代码为：

```
#ver {
        background-color: #a9d418;
        height: 16px;
        width: 270px;
    }
#ver img {
        float: right;
        margin-right: 4px;
    }
```

各个层与层里的内容已经设置完毕，接下来设置页面内的超链接样式。首页中的栏目列表分别链接到 4 个内容页，但是这些页面还没有制作，所以，需要先创建相应的文件，然后链接这些页面。

（1）在"site"文件夹下建立 4 个内容页文件，分别命为"scn_1.html"、"scn_2.html"、"scn_3.html"和"scn_4.html"。

（2）将首页中的栏目列表分别链接到 4 个内容页，效果如图 16-100 所示。

（3）单击"新建 CSS 规则"按钮，打开"新建 CSS 规则"对话框。在对话框内，将"选择器类型"设置为"复合内容（基于选择的内容）"，且"选择器名称"中填入"a:link"，"规则定义"选项选择"home_style.css"，单击"确定"按钮，打开"a:link 的 CSS 规则定义（在 home_style.css 中）"对话框。

（4）在"分类"列表框内选择"类型"属性，设置文字颜色为#000000，装饰为无，效果如图 16-101 所示。

图 16-100　设置超链接

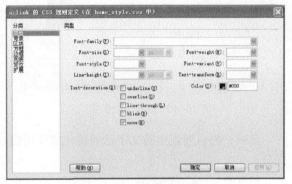

图 16-101　设置类型属性

（5）按同样的方法设置"a:visited"。在"分类"列表框内选择"类型"属性，设置文字颜色为#666666，装饰为无。

（6）按同样的方法设置"a:hover"。在"分类"列表框内选择"类型"属性，设置文字颜色为 #a9d418，装饰为无。

相应的 CSS 代码为：

```
a:link {
        color: #000000;
        text-decoration: none;
     }
a:visited {
         color: #666666;
        text-decoration: none;
     }
a:hover {
        color: #a9d418;
        text-decoration: none;
     }
```

链接样式定义的顺序很重要，要遵循"LVHA"规则，即"Link"、"Visited"、"Hover"和"Active"。至此，样式已经基本定义完毕，页面布局也基本完成。

通过前面对首页和内容页的分析，已经得知首页和内容页的栏目列表部分是和内容一样的无序列表，所以可以使用 Dreamweaver 的"库"功能，将栏目列表制作成固定的库项目，方便调用和修改。

库是一种特殊的 Dreamweaver 文件，用来存储想要在整个网站上经常重复使用或更新的页面元素。库里的这些资源称为库项目。每当更改某个库项目的内容时，就可以更新所有使用该项目的页面。可以在库中存储各种各样的网页元素，如图像、表格、声音和 Flash 文件。Dreamweaver 将库项目存储在每个站点的本地根文件夹内的"library"文件夹。

（1）单击列表文字，在"标签选择器"内选择<ul>标签，如图 16-102 所示。

（2）执行菜单栏上的"修改→库→增加对象到库"命令，在"资源"面板内将库项目名称修改为"menu"，效果如图 16-103 所示。

图 16-102　选择<ul>标签　　　　　　　　　　　图 16-103　修改库项目名称

此时，栏目列表出的文字已经转化成库项目，软件自动加入浅黄色的底色以和普通内容项区分。

相应的 HTML 代码为：

```
<!-- #BeginLibraryItem "/Library/Untitled.lbi" -->
    <ul>
        <li><a href="scn_1.html">企业实力</a></li>
        <li><a href="scn_2.html">工程业绩</a></li>
        <li><a href="scn_3.html">加盟我们</a></li>
        <li><a href="scn_4.html">联系我们</a></li>
    </ul>
<!-- #EndLibraryItem -->
```

其中粗体标注的部分是 Dreamweaver 的自定义代码，表示这两段代码之间的内容为库项目，生成的文件扩展名为 lbi。观察站点文件夹"site"，发现其中自动生成了一个文件夹"Library"，专门用来放置库项目。menu.lbi 文件就存放在此文件夹中。

至此，首页制作完毕，可在浏览器中预览文件。最后修改首页的网页标题。在"标题"文本框内输入文件标题"北京泰宁科创雨水利用技术股份有限公司"。效果如图 16-104 所示。

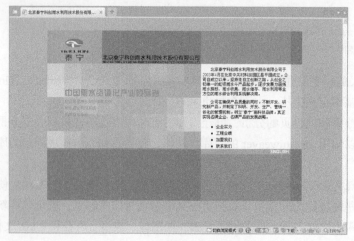

图 16-104　在浏览器中预览首页

16.3.3 内容页模板

内容页与首页的组装方法一样,先对页面的整体布局结构进行搭建,然后再插入内容,并对所有元素进行 CSS 美化工作。

4 个内容页的外观是一样的,只是具体的内容不一样,因此可以使用 Dreamweaver 的"模板"来制作,即先制作一个"模板"文件,内容页套用这个"模板"文件。

模板最强大的用途之一在于依次更新多个页面。从模板创建的文件与该模板保持连接状态。可以修改模板并立即更新基于该模板的所有文档中的设计,从而提高工作效率。

1. 整体布局

制作模板文件和制作普通的 HTML 文件的步骤基本一样,只是模板文件需要设定"可编辑区域"等模板元素,这些模板文件特有的代码会在代码中以"绿色"字体显示。

（1）选择"文件"菜单下的"新建"命令,打开"新建文档"对话框,选择"HTML 模板",单击"创建"按钮,如图 16-105 所示。

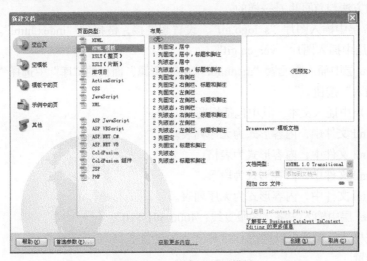

图 16-105　新建 HTML 模板

（2）按下"Ctrl+S"组合键,软件会弹出对话框,提示模板文件内不含有可编辑区域。选中复选框"不再警告我。",单击"确定"按钮,如图 16-106 所示。

（3）打开"另存为模板"对话框,在"站点"下拉列表框中会自动选择当前的站点,在"另存为"文本框中输入"ss",单击"保存"按钮。"site"文件夹中会自动生成"Templates"文件夹,模板文件"ss.dwt"将自动保存到该文件夹下。如图 16-107 所示。

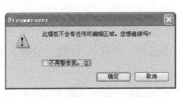

图 16-106　警告对话框

图 16-107　"另存为模板"对话框

（4）插入 div 层进行布局,操作方法与首页相同。内容页的层次关系如图 16-108 所示,依照从左到右、从上到下的顺序依次插入层。

相应的 HTML 代码为：

```html
<div id="main">
  <div id="header">
    <div id="logo"> 此处显示 id "logo" 的内容</div>
    <div id="ver"> 此处显示 id "ver" 的内容</div>
  </div>
  <div id="box">
    <div id="menu"> 此处显示 id "menu" 的内容</div>
    <div id="text"> 此处显示 id "text" 的内容</div>
    <div id="footer"> 此处显示 id "footer" 的内容</div>
  </div>
</div>
```

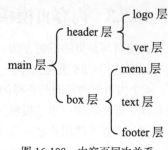

图 16-108　内容页层次关系

至此，内容页的整体布局已经完成，下面可以进行下一步操作——插入内容。

2. 插入内容

插入内容的方法与首页也是一样的。

（1）在 logo 层中插入图片"s_logo.gif"，设置超链接，链接到"index.html"。

（2）在 ver 层中插入图片"ver_en.gif"。

（3）在 menu 层中插入库元素"menu.lbi"。在"资源"面板的"库"中选择"menu"，单击面板左下角的"插入"按钮。

（4）在 text 层中插入文本。其中包括标题与内容。

● scn_1.html 文件中，内容形式为无序列表。

● scn_2.html 文件中，内容形式为表格。

● scn_3.html 文件中，内容形式为段落。

● scn_4.html 文件中，内容形式为无序列表。

（5）在 footer 层中输入文字"客服专线：4006-501-510"。

内容设置完毕，下面就可以进行 CSS 样式表的设置了。

3. CSS 设置

模板文件的 CSS 样式表设置和对首页的 CSS 样式表设置操作是一样的。

（1）单击"CSS"面板右下角的"新建 CSS 规则"按钮，打开"新建 CSS 规则"对话框。在"选择器类型"中选择"标签（重新定义 HTML 元素）"；在"选择器名称"中输入"*"；在"规则定义"中选择"新建样式表文件"。单击"确定"按钮，打开"保存样式表文件为"对话框，双击打开"style"文件夹，将新建的样式表文件命名为"s_style.css"，单击"保存"按钮，打开"*的 CSS 规则定义"对话框。

（2）在"*的 CSS 规则定义"对话框中的"分类"列表框内选择"方框"，"填充"和"边界"均设置为"0"；选择"边框"，设置"宽度"为"0"。

（3）和定义"*"的样式相同，为\<body\>标签添加样式。在"分类"列表框内选择"背景"，在"背景颜色"文本框内输入"#CCCCCC"；在"分类"列表框内选择"方框"，设置上边界为40px。

下面对页面内的各个层以及层内容进行定义。

（1）为"main"层添加 CSS 规则。在"分类"列表框内选择"方框"属性，设置宽770px，左右边界为自动；在"分类"列表框内选择"背景"属性，设置背景色为#53a6b7，效果如图16-109所示。

相应的 CSS 代码为：

```
#main {
    background-color: #53a6b7;
    width: 770px;
    margin-right: auto;
    margin-left: auto;
}
```

（2）为"header"层添加 CSS 规则。在"分类"列表框内选择"方框"属性，设置宽 770px，浮动为左对齐；在"分类"列表框内选择"背景"属性，设置背景图为"s_header_bg.gif"，不重复，效果如图 16-110 所示。

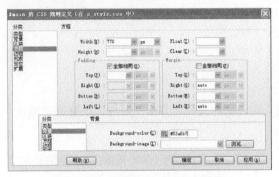

图 16-109　设置 main 层的 CSS 规则

图 16-110　设置 header 层的 CSS 规则

相应的 CSS 代码为：

```
#header {
    background-image: url(../images/s_header_bg.gif);
    background-repeat: no-repeat;
    float: left;
    width: 770px;
}
```

（3）为"logo"层添加 CSS 规则。在"分类"列表框内选择"方框"属性，设置浮动为左对齐，效果如图 16-111 所示。

相应的 CSS 代码为：

```
#logo {
    float: left;
}
```

（4）为"ver"层添加 CSS 规则。在"分类"列表框内选择"方框"属性，设置宽为 230px，高为 16px，浮动为右对齐，上边界为 83px；在"分类"列表框内选择"背景"属性，设置背景色为#a9d418，效果如图 16-112 所示。

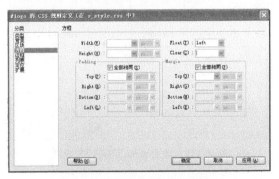

图 16-111　设置 logo 层的 CSS 规则

图 16-112　设置 ver 层的 CSS 规则

相应的 CSS 代码为:

```
#ver {
    background-color: #a9d418;
    float: right;
    height: 16px;
    width: 230px;
    margin-top: 83px;
}
```

（5）为"ver"层内的图片添加 CSS 规则。在"分类"列表框内选择"方框"属性，设置浮动为右对齐，右边界 4px，效果如图 16-113 所示。

相应的 CSS 代码为:

```
#ver img {
    float: right;
    margin-right: 4px;
}
```

（6）为"box"层添加 CSS 规则。在"分类"列表框内选择"方框"属性，设置宽 770px，浮动为左对齐，效果如图 16-114 所示。

图 16-113　设置 ver 层的<img>标签的 CSS 规则

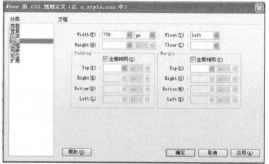

图 16-114　设置 box 层的 CSS 规则

相应的 CSS 代码为:

```
#box {
    float: left;
    width: 770px;
}
```

（7）为"menu"层添加 CSS 规则。在"分类"列表框内选择"方框"属性，设置宽为 163px，浮动为左对齐，效果如图 16-115 所示。

相应的 CSS 代码为:

```
#menu {
    float: left;
    width: 163px;
}
```

（8）为"menu"层中的列表添加 CSS 规则。列表有两个标签需要设置：<ul>和<li>。

为"menu"层的<ul>标签添加 CSS 规则。在"分类"列表框内选择"类型"属性，设置字号大小为 12px，文字颜色为白色；在"分

图 16-115　设置 menu 层的 CSS 规则

类"列表框内选择"列表"属性，设置类型为无；在"分类"列表框内选择"方框"属性，设置

上边界 50px，左边界 30px，效果如图 16-116 所示。

为"menu"层的 <li> 标签添加 CSS 规则。在"分类"列表框内选择"方框"属性，设置宽 96px，上边界 1px，上填充 7px，下填充 7px；在"分类"列表框内选择"背景"属性，设置背景色为 #257889；在"分类"列表框内选择"区块"属性，设置文字缩进为 20px；在"分类"列表框内选择"边框"属性，设置左边框样式为实线，宽 4px，颜色 #a9d418。

相应的 CSS 代码为：

```
#menu ul {
    font-size: 12px;
    color: #FFFFFF;
    margin-top: 50px;
    margin-left: 30px;
    list-style-type: none;
}
#menu li {
    width: 96px;
    margin-top: 1px;
    padding-top: 7px;
    padding-bottom: 7px;
    text-indent: 20px;
    background-color: #257889;
    border-left-width: 4px;
    border-left-style: solid;
    border-left-color: #a9d418;
}
```

（9）为"text"层添加 CSS 规则。在"分类"列表框内选择"方框"属性，设置宽为 607px，浮动为右对齐；在"分类"列表框内选择"背景"属性，设置背景色为 #e0e0e0，效果如图 16-117 所示。

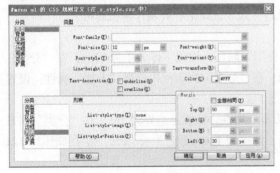

图 16-116　设置 menu 层的 <ul> 标签的 CSS 规则　　　　图 16-117　设置 text 层的 CSS 规则

相应的 CSS 代码为：

```
#text {
    background-color: #e0e0e0;
    float: right;
    width: 607px;
}
```

（10）为"text"层中的标题添加 CSS 规则。在"分类"列表框内选择"类型"属性，设置字体大小为 14px；在"分类"列表框内选择"区块"属性，设置文本对齐为居中；在"分类"列表框内选择"方框"属性，设置上、左、右边界为 30px，下边界为 10px，下填充为 3px；在"分类"

列表框内选择"边框"属性，设置下边框样式为双线，宽度为3px，颜色#a9d418，效果如图16-118和图16-119所示。

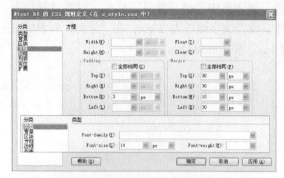

图 16-118　设置 text 层的<h1>标签的 CSS 规则　　　图 16-119　设置 text 层的<h1>标签的 CSS 规则

相应的 CSS 代码为：

```
#text h1 {
    font-size: 14px;
    text-align: center;
    margin-top: 30px;
    margin-right: 30px;
    margin-left: 30px;
    border-bottom-width: 3px;
    border-bottom-style: double;
    border-bottom-color: #a9d418;
    padding-bottom: 3px;
    margin-bottom: 10px;
}
```

（11）为"text"层中的主要内容添加 CSS 规则。经过前面的分析，4 个内容页的主要内容部分的表现形式分别为列表样式、表格样式以及段落样式。选择第一页制作模板即可。

列表样式

<ul>标签设置：在"分类"列表框内选择"类型"属性，设置字体大小为12px；在"分类"列表框内选择"列表"属性，设置列表类型为无；在"分类"列表框内选择"方框"属性，设置下、左、右边界为30px，效果如图 16-120 所示。

<li>标签设置：在"分类"列表框内选择"方框"属性，设置上边界为2px；在"分类"列表框内选择"边框"属性，设置下边框样式为实线，宽度为1px，颜色为#cccccc，效果如图16-121所示。

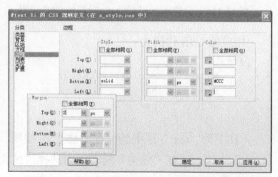

图 16-120　设置 text 层的<ul>标签的 CSS 规则　　　图 16-121　设置 text 层的<li>标签的 CSS 规则

相应的 CSS 代码为:

```
#text ul {
    list-style-type: none;
    font-size: 12px;
    margin-right: 30px;
    margin-bottom: 30px;
    margin-left: 30px;
}
#text li {
    border-bottom-width: 1px;
    border-bottom-style: solid;
    border-bottom-color: #CCCCCC;
    margin-top: 2px;
}
```

表格样式

<table>标签设置:在"分类"列表框内选择"类型"属性,设置字体大小为 12px,行高 18px;在"分类"列表框内选择"方框"属性,设置下、左、右边界为 30px,效果如图 16-122 所示。

相应的 CSS 代码为:

```
#text table {
    font-size: 12px;
    line-height: 18px;
    margin-right: 30px;
    margin-bottom: 30px;
    margin-left: 30px;
}
```

段落样式

<p>标签设置:在"分类"列表框内选择"类型"属性,设置字体大小为 12px;在"分类"列表框内选择"方框"属性,设置左、右边界分别为 30px,效果如图 16-123 所示。

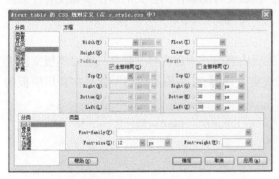
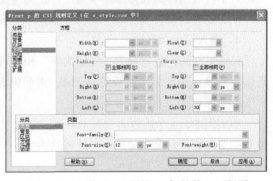

图 16-122　设置 text 层<table>标签的 CSS 规则　　　　图 16-123　设置 text 层的<p>标签的 CSS 规则

相应的 CSS 代码为:

```
#text p {
    font-size: 12px;
    margin-right: 30px;
    margin-left: 30px;
}
```

(12) 为 "footer" 层添加 CSS 规则。在"分类"列表框内选择"方框"属性,设置宽为 607,高为 16px,浮动右对齐;在"分类"列表框内选择"类型"属性,设置文字大小为 12px;在"分类"列表框内选择"背景"属性，设置背景色为#a9d418；在"分类"列表框内选择"区块"属性，设置文本对齐方式为居中。

相应的 CSS 代码为：

```
#footer {
    font-size: 12px;
    text-align: center;
    height: 16px;
    width: 607px;
    float: right;
    background-color: #a9d418;
}
```

（13）为超链接添加 CSS 规则。a:link：在"分类"列表框内选择"类型"属性，设置文字颜色为#ffffff，装饰为"无"；a:visited：在"分类"列表框内选择"类型"属性，设置文字颜色为#999999，装饰为"无"；a:hover：在"分类"列表框内选择"类型"属性，设置文字颜色为#a9d418，装饰为"无"。

相应的 CSS 代码为：

```
a:link {
    color: #ffffff;
    text-decoration: none;
}
a:visited {
    color: #999999;
    text-decoration: none;
}
a:hover {
    color: #a9d418;
    text-decoration: none;
}
```

对于模板的布局和修饰基本完成，到此为止。模板文件的制作同首页的制作步骤没有什么区别，下面要进行模板文件的"特有"操作——插入"可编辑区域"。

4. 插入可编辑区域

模板页面的内容可分为"固定内容"和"可编辑内容"。"固定内容"就是只能对模板文件进行编辑修改，而在套用模板的 HTML 页面内无法更改内容；"可编辑内容"就是在套用模板的 HTML 页面内可以自由修改的内容。

本实例中，4 个内容页只有 text 层的标题和主要内容部分是变化的，因此将这两个位置设置为可编辑区域即可。

（1）选中<h1>标签，执行"插入记录→模板对象→可编辑区域"命令，弹出"新建可编辑区域"对话框。在名称文本框中输入名称，单击"确定"按钮即可。效果如图 16-124 所示。

（2）选中<ul>标签，执行"插入记录→模板对象→可编辑区域"命令，将主要内容部分也设置成可编辑区域。

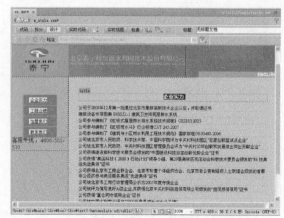

图 16-124　插入可编辑区效果

至此，一个完整的模板文件就制作完毕，下面就可以套用这个模板来制作具体的页面了。

16.3.4　制作内容页

模板文件制作完毕之后，只要在建立新 HTML 文件的时候选择要套用的模板，就可以很轻松地制作出外观统一的众多页面，而且，当修改模板文件的时候，软件会自动对使用了该模板的文件进行更新，大大提高了工作效率。

在制作首页的时候，已经创建了几个空白文件来作为栏目超链接使用，现在只要对这几个文件进行适当的改动，就可以生成网站需要的内容页。

1. 企业实力 scn_1.html

（1）打开 scn_1.html 文件，执行"修改→模板→应用模板到页"命令，打开"选择模板"对话框。如图 16-125 所示。

（2）在模板列表中选择"ss"，保持"当模板改变时更新页面"的选中状态，单击"选定"按钮。

图 16-125　"选择模板"对话框

此时，页面将变成模板文件的样子，其中在模板设定的可编辑区域内的文字是可以修改的，而其他部分则无法修改。如图 16-126 所示。

由于模板是参照第一个内容页的内容来制作的，所以不用修改两个可编辑区域，将网页的标题改为"企业实力"即可。效果如图 16-127 所示。

图 16-126　套用了模板的页面

图 16-127　scn_1.html 预览

2. 工程业绩 scn_2.html

（1）按照上述步骤，套用模板。

（2）将第一个可编辑区域内的标题更改为"工程业绩"。

（3）将第二个可编辑区域内的列表删除，插入一个 15 行 3 列的表格，如图 16-128 所示。

（4）将内容添加到相对应的单元格中，调整列宽，如图 16-129 所示。

（5）观察预览结果，发现表头部分应该设置为蓝色粗体文字。单击"新建 CSS 规则"按钮，打开"新建 CSS 规则"对话框。在对话框内，将"选择器类型"设置为"类（可应用于任何 HTML 标签）"，"选择器名称"中填入".b"，"规则定义"选项选择"s_style.css"。如图 16-130 所示。

（6）单击"确定"按钮，打开".b 的 CSS 规则定义（在 s_style.css 中）"对话框。在"分类"列表框内选择"类型"属性，设置粗细为粗体，颜色为#007A91，效果如图 16-131 所示。

图 16-128　插入表格

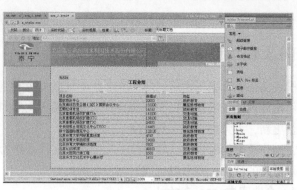

图 16-129　添加表格内容

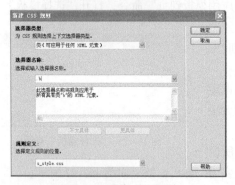

图 16-130　新建 CSS 规则

图 16-131　设置.b 的 CSS 规则

相应的 CSS 代码为：

```
.b {
    font-weight: bold;
    color: #007A91;
}
```

（7）将 ".b" 样式应用到表头单元格中。

```
<td class="b">项目名称</td>
<td class="b">规模m²</td>
<td class="b">类型</td>
```

（8）将网页的标题改为"工程业绩"，效果如图 16-132 所示。

图 16-132　scn_2.html 预览

3. 加盟我们 scn_3.html

（1）按照上述步骤，套用模板。

（2）将第一个可编辑区域内的标题更改为"加盟我们"。

（3）将第二个可编辑区域内的列表删除，插入段落文字，如图 16-133 所示。

（4）段落文字中，"泰宁背景优势"、"我们承诺"、"经销职责"这几个部分是加粗的，并且上下有一定空隙的文字。因此，需要新建类，将其命名为".t"，如图 16-134 所示。

图 16-133　插入段落文字

图 16-134　设置.t 的 CSS 规则

（5）将".t"样式应用到段落文字上。

```
<p class="t">泰宁背景优势：</p>
<p class="t">我们承诺：</p>
<p class="t">经销职责：</p>
```

（6）段落文字中，有两段话的首行缩进了两个字符。新建类，将其命名为".s"，如图 16-135 所示。

（7）将".s"样式应用到段落文字上。

```
<p class="s">北京泰宁科创雨水利用技术股份有限公司是国内第一家从事压力（虹吸）流屋面雨水排水系统、
```
雨水收集与利用系统及同层排水系统的专业化公司，它是集研发、设计、生产、销售及安装为一体的高新技术企业。公司拥有一批经验丰富的专业人才，在众多的技术员工中，有从事几十年给排水设计工作的研究员、高级工程师及工程安装人员，为广大客户提供全方位的服务。</p>

```
<p class="s">让经销商获得最大的利润空间；提供强有力的广告宣传支持和优质服务；免费培训技术、业务人
```
员。我们愿意成为经销商的有力供应商，不仅使经销商可享受到优惠的价格，还可得到良好的服务保障。本公司愿与全国各地经销商共同努力，携手共进，共同开发广阔市场。</p>

（8）将网页的标题改为"加盟我们"，效果如图 16-136 所示。

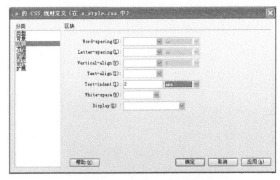

图 16-135　设置.s 的 CSS 规则

图 16-136　scn_3.html 预览

4. 联系我们 scn_4.html

（1）按照上述步骤，套用模板。

（2）将第一个可编辑区域内的标题更改为"联系我们"。

（3）将第二个可编辑区域内的列表删除，插入 4 项无序列表，如图 16-137 所示。

（4）将网页的标题改为"联系我们"，效果如图 16-138 所示。

图 16-137　插入列表　　　　　　　　　图 16-138　scn_4.html 预览

至此，整个网站设计完成。

本实例通过从设计图入手，拆分图纸并将其组装成为一个小型网站页面的过程，介绍了比较简单的设计图转化为 HTML 页面并且设置 CSS 布局的一个完整操作过程。再复制页面也基本是通过这些步骤完成的。

第17章

电子商务网站制作

随着"淘宝"、"易趣"等购物网站的大力推广，在网络上开店已经成为很多人的业余生活甚至工作，因此各式各样的购物网站也日益增多。

购物网站根据需求，一般都是动态网站，其后台技术的实现本书不进行讨论，这里只着重讲解首页导航菜单的制作方法、商品的排放方法及 Flash 的插入。

17.1 分 析 图 纸

本实例是一个销售"日常生活用品"的购物网站，其页面设计图如图 17-1 所示。

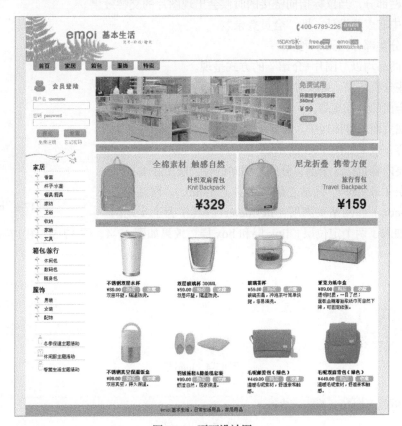

图 17-1 页面设计图

17.1.1 设计分析

该网站的主色调是白色、绿色和浅灰色，配以少量的淡绿色，文字为灰色和橙色，如图 17-2 所示。本实例中的网站是销售基本生活用品的网站，因此选用白色做背景色，使整个页面看起来干净、整洁；配以绿色则使页面看起来清新、环保。大量的圆角背景图的使用使页面显得平和而有层次。

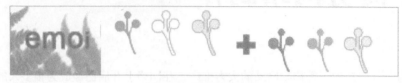

图 17-2　网站配色方案

17.1.2 布局分析

通过观察设计图，可以总结出页面布局细节。

- 页面整体有一个淡绿色的背景色。
- 页面整体在窗口中左右居中显示。
- 页面头部 Flash 为透明背景的，而背景则通过层来设置。
- 导航栏部分，当鼠标指向链接的时候会出现图片的交替效果。
- 页面中有表单设计，即"会员登录"。
- 商品分类部分为无序列表。
- 所有商品均以"图片+介绍"的方式呈现。

综合这些分析结果，可以对如何利用层（div）来布局该页面有一个比较全面的设计规划。

为了实现页面的整体居中，需要一个最外层（id=main）来放置所有的内容，效果如图 17-3 所示。

网站主要内容包括 5 个层，分别是网站的标识层（id=logo）、网站导航栏层（id=nav）、网站左侧链接层（id=link）、网站主要商品层（id=box）和网站页脚层（id=footer）。其中为了实现两

图 17-3　main 层

列的显示，加入了两个定位层，link 层和 box 层，效果如图 17-4、图 17-5、图 17-6、图 17-7 和图 17-8 所示。

图 17-4　logo 层

图 17-5　nav 层

图 17-6　link 层

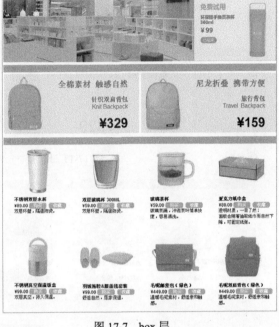

图 17-7　box 层

emoi 基本生活，日常生活用品，家用用品

图 17-8　footer 层

左侧链接层包括 3 个部分：栏目分类链接层（id=sort）、会员登录层（id=login）以及主题活动层（id=info），效果如图 17-9、图 17-10 和图 17-11 所示。

图 17-9　sort 层

图 17-10　login 层

图 17-11　info 层

右侧主要商品层包括 3 个部分：免费试用产品层（id=free）、热销产品层（id=hot）以及新品

上市层（id=new），效果如图 17-12、图 17-13 和图 17-14 所示。

图 17-12   free 层

图 17-13   hot 层

图 17-14   new 层

层的关系确定了，基本上就可以决定切图的方案，所以在此处尽可能确定组合方案，避免到后面步骤再返工。

17.2 拆 分 图 纸

通过观察图纸，已经对网页的版式与颜色有了基本的认识，下面要把制作 HTML 页面需要的"原料"分离出来。

17.2.1 提取颜色

1. 基本配色

同前面"小型企业网站"的颜色提取方法一样，可以用 Photoshop 软件提取购物网站的颜色。

● 窗口背景色为淡绿色 f5ffd5。

● 页面背景色为白色#ffffff。

- 页面中的绿色颜色值为#adc923。
- 热销产品部分的灰色背景为#f6f4f5。
- 页面中的橙色文字颜色值为#de7524。
- 页面中的灰色文字颜色值为#666666。

2. 导航栏配色

本实例中导航栏部分未访问过的链接（link）状态为绿色圆角矩形背景，黑色文字，无下划线；鼠标悬停（hover）状态为灰色圆角矩形，白色文字，无下划线。效果如图 17-15 和图 17-16 所示。

图 17-15　link 状态

图 17-16　hover 状态

页面中除了导航栏以外，还有很多链接项，设置方法与前面章节一样，这里就不一一设置了。请设计者根据网站的整体配色情况自行设置。

17.2.2　拆分元素

通过分析首页设计图纸，需要提取出组装页面用的布局尺寸、位置、背景图、边框、装饰线以及特殊插图等。

1. 提取尺寸

根据对首页所做的布局分析，在这里将对每一个层以及层里面的内容进行尺寸的提取。将图纸用 Photoshop 打开，打开"标尺"，逐一进行测量。最终提取出的尺寸如图 17-17 所示。

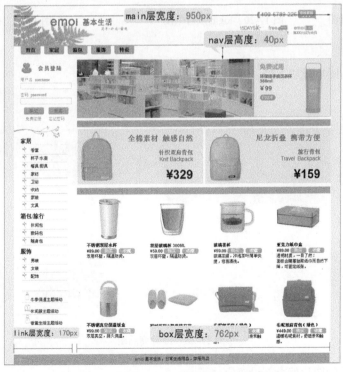

图 17-17　首页尺寸

2. 分离背景图

（1）logo 层背景图

通过观察，logo 层的 flash 文件为白色背景，需要在层内插入背景图，在 Photoshop 中裁切图片。将其命名为"logo_bg.gif"，效果如图 17-18 所示。

图 17-18　logo 层背景图

（2）nav 层背景图

nav 层为图像交替的导航栏效果，背景有两种颜色，将两种颜色纵向排列在一张图片上，通过设置 CSS 中背景图移动的属性，即可形成此效果。将其命名为"nav_bg.gif"，如图 17-19 所示。

（3）login 层背景图

login 层是表单项，将"会员登录"设置成一张带有图案的背景图来美化页面。截取图像命名为"login_bg.gif"，如图 17-20 所示。

（4）sort 层背景图

sort 层标题上方有一张修饰图，将其裁切下来，设置成 sort 层背景图，命名为"sort_bg.gif"，如图 17-21 所示。

图 17-19　nav 层背景图　　　图 17-20　login 层背景图　　　图 17-21　sort 层背景图

3. 分离图片

将所有商品的图片裁切下来，如图 17-22 所示。

图 17-22　10 种商品图

至此，首页中的图片就全部设置完成了。

17.3 组 装

在制作 HTML 页面之前，需要先建立一个站点。

（1）在计算机中建立一个文件夹，将其命名为"site"（文件夹名称可以根据站点的内容自己设置，但不能使用中文名称）。

（2）在 site 文件夹中再建立一个文件夹，命名为"images"，专门放置网站中要用到的图片。现在，将前几步截取出来的图片放置到 images 文件夹中。

（3）在 site 文件夹中再建立一个文件夹，命名为"flash"，将应用的 flash 动画放置到该文件夹中。

（4）在 site 文件夹中再建立一个文件夹，命名为"style"，用来存放 CSS 文件。

17.3.1 定义站点

将建立好的文件夹用 Dreamweaver 定义成站点，这样软件就会对这个站点内的文件进行管理，比如自动更新链接、创建更新模板等，同时也方便对站点内的文件进行管理和操作，还可以共享文件以及将站点文件传输到 Web 服务器等。

（1）启动 Dreamweaver，选择"文件"面板上的"管理站点"命令，弹出"管理站点"窗口，如图 17-23 所示。

（2）单击"新建"命令，打开"站点设置对象"对话框，在"站点名称"文本框中输入站点名称"emoi"，如图 17-24 所示。

图 17-23 新建站点

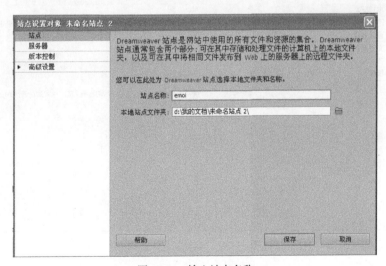

图 17-24 输入站点名称

（3）单击"本地站点文件夹"文本框旁边的"文件夹"图标，打开"选择根文件夹"对话框，如图 17-25 所示，选择已经建立好的"site"文件夹，单击"选择"按钮，返回"站点设置对象"对话框。

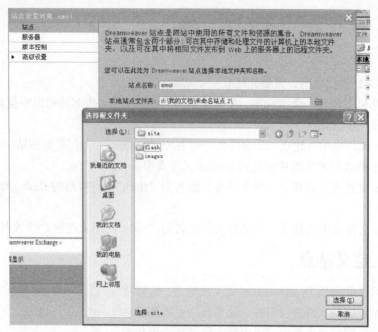

图 17-25   选择根文件夹

（4）选择"高级设置"中的"本地信息"，如图 17-26 所示。

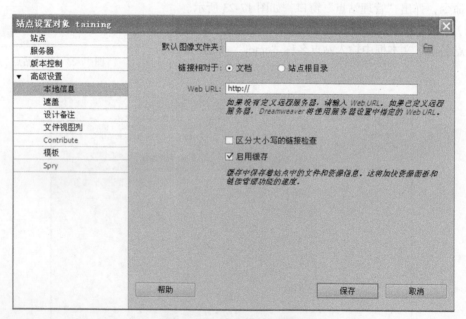

图 17-26   "本地信息"选项

（5）单击"默认图像文件夹"右边的"文件夹"图标，打开"选择图像文件夹"对话框，选择"site-images"文件夹；"链接相对于"选项选择"文档"，如图 17-27 所示。

（6）单击"保存"按钮，回到"管理站点"对话框，单击"完成"按钮。界面右侧的"文件"面板会出现刚刚建立的站内"tai-ning"，如图 17-28 所示。

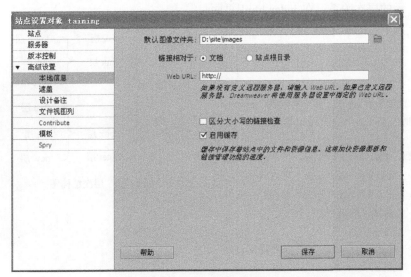

图 17-27 "本地信息"项

图 17-28 "文件"面板

站点定义完成，就可以开始创建站点内的页面文件。

17.3.2 整体布局

（1）在"文件"面板的站点上单击鼠标右键，选择"新建文件"命令，并将新建的 HTML 文件命名为"index.html"。

（2）双击 index 文件，将其打开，修改标题名称为"emoi 基本生活"，效果如图 17-29 所示。

图 17-29 index 文件

（3）根据前面对于首页的分析，各个层以及层与层之间的关系已经有了设定。具体关系如图 17-30 所示。

（4）依照图 17-30 所示的层次关系，在 index.html 页面中按照"从左到右、从上到下"的顺序插入层，最后得到的 HTML 代码如下所示。

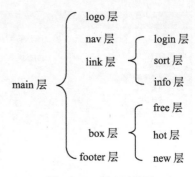

图 17-30　层次结构图

```html
<body>
<div id="main">
  <div id="logo">  此处显示 id "logo" 的内容</div>
  <div id="nav">  此处显示 id "nav" 的内容</div>
  <div id="link">
    <div id="login">  此处显示 id "login" 的内容</div>
    <div id="sort">  此处显示 id "sort" 的内容</div>
    <div id="info">  此处显示 id "info" 的内容</div>
  此处显示 id "link" 的内容</div>
  <div id="box">
    <div id="free">  此处显示 id "free" 的内容</div>
    <div id="hot">  此处显示 id "hot" 的内容</div>
    <div id="new">  此处显示 id "new" 的内容</div>
  此处显示 id "box" 的内容</div>
  <div id="footer">  此处显示 id "footer" 的内容</div>
此处显示 id "main" 的内容</div>
</body>
```

17.3.3　插入内容

从上面的层次关系图中我们可以发现，只有最末端的层内才有内容，因此我们先整理一下代码。选择没有内容的层，层保留，但要将里面的内容清空。

```html
<body>
<div id="main">
  <div id="logo">  此处显示 id "logo" 的内容</div>
  <div id="nav">  此处显示 id "nav" 的内容</div>
  <div id="link">
    <div id="login">  此处显示 id "login" 的内容</div>
    <div id="sort">  此处显示 id "sort" 的内容</div>
    <div id="info">  此处显示 id "info" 的内容</div>
  </div>
  <div id="box">
    <div id="free">  此处显示 id "free" 的内容</div>
    <div id="hot">  此处显示 id "hot" 的内容</div>
    <div id="new">  此处显示 id "new" 的内容</div>
  </div>
  <div id="footer">  此处显示 id "footer"的内容</div>
</div>
</body>
```

（1）首先插入"logo"层内容，"logo"层内是一个 flash 动画。将光标放置到"logo"层中，单击"插入 flash"按钮，插入"header.swf"文件。插入 flash 文件后，会自动生成 javascript 代码。效果如图 17-31 所示。

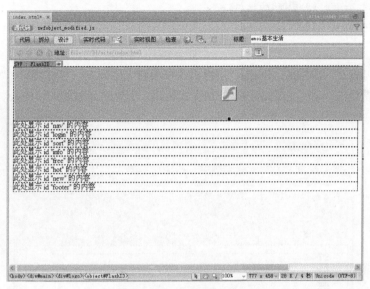

图 17-31 logo 层插入内容

页面的 HTML 代码如下：

```
<embed src="flash/header.swf" ></embed>
```

（2）插入"nav"层内容，nav 层为导航栏，以无序列表的形式插入并设置超链接，效果如图 17-32 所示。页面中外观形式相同的、以成组（至少 2 个）的形式显示的都可以用列表来表示。

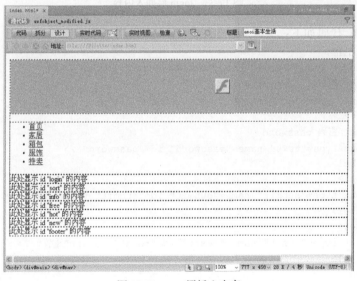

图 17-32 nav 层插入内容

页面的 HTML 代码如下：

```
S<div id="nav">
  <ul>
    <li><a href="#">首页</a></li>
    <li><a href="#">家居</a></li>
    <li><a href="#">箱包</a></li>
```

```
    <li><a href="#">服饰</a></li>
    <li><a href="#">特卖</a></li>
  </ul>
  </div>
```

（3）插入"login"层内容，"login"层内是表单项和无序列表。"用户名"、"密码"、"按钮"为表单项；"免费注册"和"忘记密码"外观样式相同，用无序列表的形式插入。效果如图 17-33 所示。

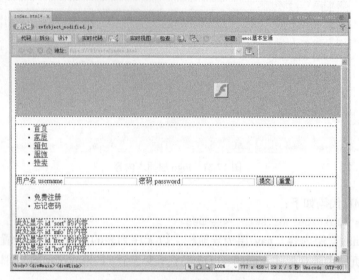

图 17-33　login 层插入内容

页面的 HTML 代码如下：

```
<div id="login">
    <form id="form1" name="form1" method="post" action="">
      <label>用户名 username
      <input type="text" name="name" id="name" />
      </label>
      <label>密码 password
      <input type="text" name="password" id="password" />
      </label>
      <label>
      <input type="submit" name="submit" id="submit" value="提交" />
      </label>
      <label>
      <input type="reset" name="reset" id="reset" value="重置" />
      </label>
    </form>
    <ul>
    <li>免费注册</li>
    <li>忘记密码</li>
    </ul>
  </div>
```

（4）插入"sort"层内容，"sort"层中是 3 组栏目导航。导航分类名称用"标题"插入；导航项用"列表"形式插入。效果如图 17-34 所示。

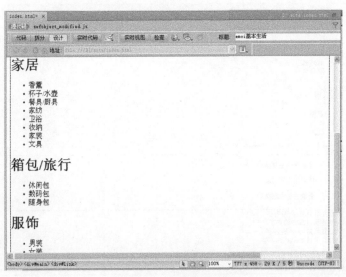

图 17-34　sort 层插入内容

页面的 HTML 代码如下：

```
<div id="sort">
    <h1>家居</h1>
    <ul>
      <li>香薰</li>
      <li>杯子/水壶</li>
      <li>餐具/厨具</li>
      <li>家纺</li>
      <li>卫浴</li>
      <li>收纳</li>
      <li>家装</li>
      <li>文具</li>
    </ul>
    <h1>箱包/旅行</h1>
    <ul>
      <li>休闲包</li>
      <li>数码包</li>
      <li>随身包</li>
    </ul>
    <h1>服饰</h1>
    <ul>
      <li>男装</li>
      <li>女装</li>
      <li>配饰</li>
    </ul>
</div>
```

（5）插入“info”层内容，“info”层内容也以无序列表的方式插入。每个项目前的图标是不同的，所以以图片的形式插入。效果如图 17-35 所示。

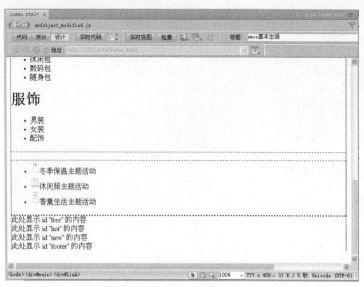

图 17-35　info 层插入内容

页面的 HTML 代码如下：

```html
<div id="info">
    <ul>
        <li><img src="images/info_icon_1.gif" />冬季保温主题活动</li>
        <li><img src="images/info_icon_2.gif" />休闲服主题活动</li>
        <li><img src="images/info_icon_3.gif" />香薰生活主题活动</li>
    </ul>
</div>
```

（6）插入"free"层内容，"free"层中是一张图片。将光标放置到"free"层中，单击"插入图像"按钮，插入"free_img.jpg"文件。效果如图 17-36 所示。

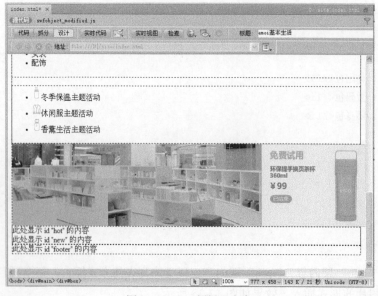

图 17-36　free 层插入内容

页面的 HTML 代码如下：

```
<div id="free">
<img src="images/free_img.jpg" alt="免费试用产品"width="762" height="170" />
</div>
```

（7）插入 "hot" 层内容，"hot" 层中是两个热销商品的推荐。"热销产品 HOT WELLERS" 用标题来插入。两种商品从形式上看是基本一致的，所以可以用无序列表的形式显示两种商品。每种商品都是由图片和商品说明组成的，这种情况可以用定义列表来表示。效果如图 17-37 所示。

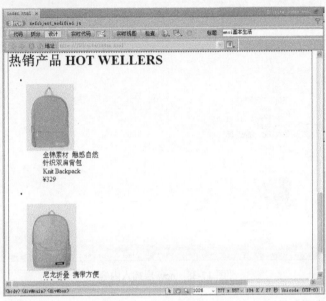

图 17-37　hot 层插入内容

页面的 HTML 代码如下：

```
<div id="hot">
    <h1>热销产品 HOT WELLERS</h1>
    <ul>
     <li>
      <dl>
        <dt><img src="images/hot_img_1.jpg" alt="热销产品" /></dt>
        <dd>全棉素材  触感自然</dd>
        <dd>针织双肩背包</dd>
        <dd>Knit Backpack</dd>
        <dd>&yen;329</dd>
      </dl>
    </li>
    <li>
      <dl>
        <dt><img src="images/hot_img_2.jpg" alt="热销产品" /></dt>
        <dd>尼龙折叠  携带方便</dd>
        <dd>旅行背包</dd>
        <dd>Travel  Backpack</dd>
        <dd>&yen;159</dd>
      </dl>
```

```
            </li>
        </ul>
    </div>
```

（8）插入"new"层内容，"new"层中是 8 个新上市商品。插入方法与"hot"层一样，效果如图 17-38 所示。

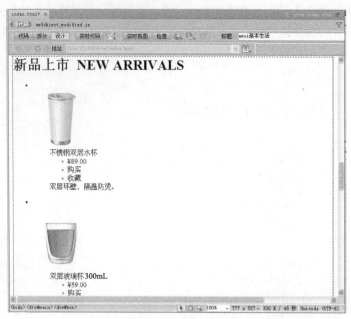

图 17-38　new 层插入内容

页面的 HTML 代码如下：

```
<div id="new">
    <h1>新品上市  NEW ARRIVALS</h1>
    <ul>
     <li>
      <dl>
        <dt><img src="images/new_img_1.jpg" alt="不锈钢双层水杯" /></dt>
        <dd>不锈钢双层水杯</dd>
        <dd>
          <ul>
           <li>&yen;89.00</li>
           <li>购买</li>
           <li>收藏</li>
          </ul>
        </dd>
        <dd>双层环壁，隔温防烫。</dd>
      </dl>
     </li>
     <li>
      <dl>
        <dt><img src="images/new_img_2.jpg" alt="双层玻璃杯 300mL" /></dt>
        <dd>双层玻璃杯 300mL</dd>
        <dd>
          <ul>
```

```
          <li>&yen;59.00</li>
          <li>购买</li>
          <li>收藏</li>
        </ul>
      </dd>
      <dd>双层环壁，隔温防烫。</dd>
    </dl>
  </li>
  <li>
    <dl>
      <dt><img src="images/new_img_3.jpg" alt="玻璃茶杯" /></dt>
      <dd>玻璃茶杯</dd>
      <dd>
        <ul>
          <li>&yen;59.00</li>
          <li>购买</li>
          <li>收藏</li>
        </ul>
      </dd>
      <dd>玻璃茶漏，冲泡茶叶简单快捷，容易清洗。</dd>
    </dl>
  </li>
  <li>
    <dl>
      <dt><img src="images/new_img_4.jpg" alt="亚克力纸巾盒" /></dt>
      <dd >亚克力纸巾盒</dd>
      <dd>
        <ul>
          <li >&yen;89.00</li>
          <li>购买</li>
          <li >收藏</li>
        </ul>
      </dd>
      <dd>透明材质，一目了然；
          <br/>面板会随着抽取纸巾而自然下降，可固定纸张。</dd>
    </dl>
  </li>
  <li>
    <dl>
      <dt>
          <img src="images/new_img_5.jpg" alt="不锈钢真空保温饭盒" />
          </dt>
      <dd>不锈钢真空保温饭盒</dd>
      <dd>
        <ul>
          <li>&yen;99.00</li>
          <li>购买</li>
          <li>收藏</li>
        </ul>
      </dd>
      <dd>双层真空，持久保温。</dd>
```

```
      </dl>
    </li>
    <li>
      <dl>
        <dt>
          <img src="images/new_img_6.jpg" alt="羽绒拖鞋&amp;膝盖毯套装" />
        </dt>
        <dd>羽绒拖鞋&amp;膝盖毯套装</dd>
        <dd>
          <ul>
            <li >&yen;99.00</li>
            <li>购买</li>
            <li >收藏</li>
          </ul>
        </dd>
        <dd>舒适自然，居家保温。</dd>
      </dl>
    </li>
    <li>
      <dl>
        <dt><img src="images/new_img_7.jpg" alt="毛呢邮差包（绿色）" /></dt>
        <dd>毛呢邮差包（绿色）</dd>
        <dd>
          <ul>
            <li>&yen;449.00</li>
            <li>购买</li>
            <li>收藏</li>
          </ul>
        </dd>
        <dd>温暖毛呢素材，舒适亲和触感。</dd>
      </dl>
    </li>
    <li>
      <dl>
        <dt>
          <img src="images/new_img_8.jpg" alt="毛呢双肩背包（绿色）" />
        </dt>
        <dd >毛呢双肩背包（绿色）</dd>
        <dd>
          <ul>
            <li >&yen;449.00</li>
            <li >购买</li>
            <li >收藏</li>
          </ul>
        </dd>
        <dd>温暖毛呢素材，舒适亲和触感。</dd>
      </dl>
    </li>
  </ul>
  </div>
</div>
```

（9）插入"footer"层内容，"footer"层中是文本信息，效果如图 17-39 所示。

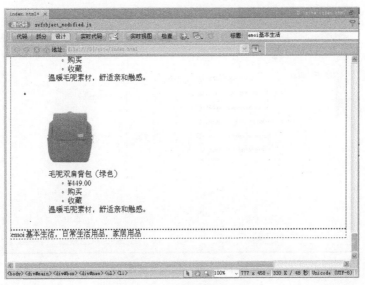

图 17-39　footer 层插入内容

页面的 HTML 代码如下：

```
<div id="footer">emoi 基本生活，日常生活用品，家居用品</div>
```

至此，内容已经添加完成，下面就要通过设置 CSS 完成页面的定位和美化工作。

17.3.4　设置 CSS

首先定义通用规则。设置*标签，将"填充"、"边界"、"边框宽度"均设置为 0。将 CSS 文件命名为"home_style"，保存到"style"文件夹下。

接下来对页面<body>标签进行设置。

（1）打开"CSS 样式"面板，单击面板右下角的"新建"按钮，打开"新建 CSS 规则"对话框，设置定义选项，如图 17-40 所示。

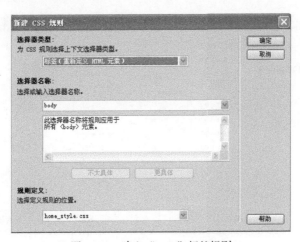

图 17-40　建立"body"标签规则

（2）单击"确定"按钮，打开"body 的 CSS 规则定义"（在 home_style.CSS 中）对话框。

（3）在"分类"列表框内选择"背景"属性，在"背景颜色"文本框内输入"#f5ffd5"，效果如图 17-41 所示。

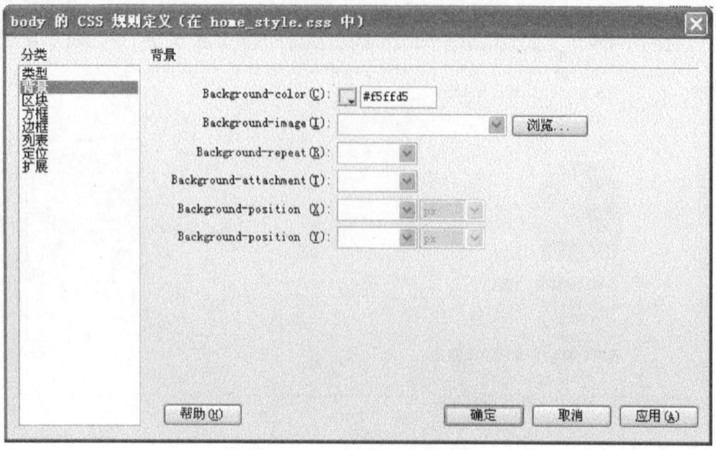

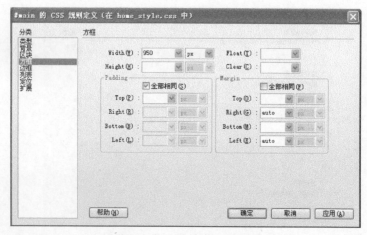

图 17-41　设置背景色

相应的 CSS 代码如下：

```css
body {
    background-color: #f5ffd5;
}
```

接下来将对组成页面的层以及层里的内容进行定义。

首先是 main 层。

（1）选取 main 层，单击"新建 CSS 规则"按钮，打开"新建 CSS 规则"对话框。在对话框内，软件已经自动将"选择器类型"设置为"ID（仅应用于一个 HTML 元素）"，且"选择器名称"中自动填入"#main"，"规则定义"选项选择"home_style.css"，单击"确定"按钮，打开"#main 的 CSS 规则定义（在 home_style.css 中）"对话框。

（2）在"分类"列表框内选择"方框"属性，设置宽为 950px，左右边界为自动，效果如图 17-42 所示。

图 17-42　设置尺寸与位置

（3）在"分类"列表框内选择"背景"属性，设置背景色为白色#FFFFFF，效果如图 17-43 所示。

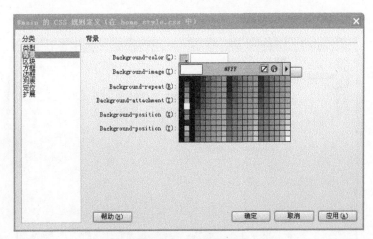

图 17-43　设置背景色

（4）单击"确定"按钮，设置的样式表将应用到文件中。效果如图 17-44 所示。

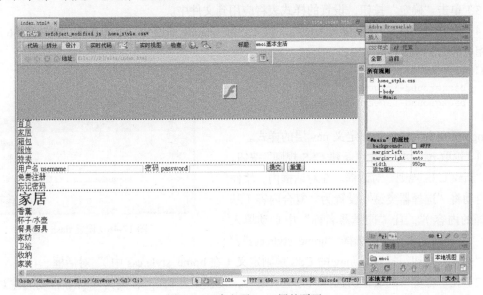

图 17-44　定义了 main 层的页面

相应的 CSS 代码为：

```
#main {
    background-color: #FFFFFF;
    width: 950px;
    margin-right: auto;
    margin-left: auto;
}
```

main 层定义完毕，接下来要定义的是 logo 层。

（1）选取 logo 层，单击"新建 CSS 规则"按钮，打开"新建 CSS 规则"对话框。在对话框内，软件已经自动将"选择器类型"设置为"复合内容（基于选择的内容）"，且"选择器名称"中自动填入"#logo"，"规则定义"选项选择"home_style.css"，单击"确定"按钮，打开"#logo 的 CSS 规则定义（在 home_style.css 中）"对话框。

（2）在"分类"列表框内选择"背景"属性，设置背景图为"logo_bg.gif"，不重复，效果如

图 17-45 所示。

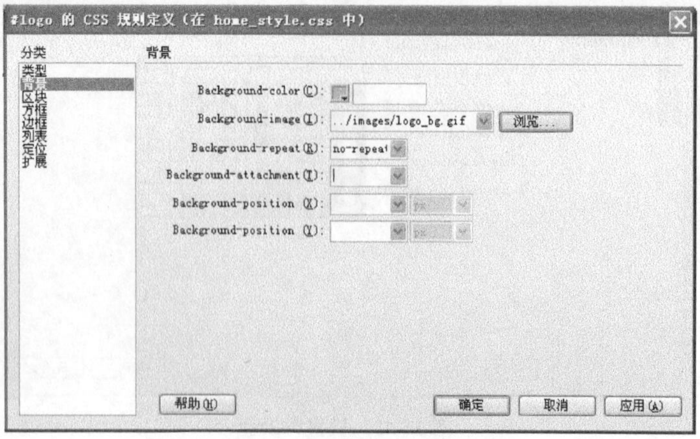

图 17-45 设置背景属性

（3）单击"确定"按钮，设置的样式表将应用到文件中。

（4）将 flash 动画的背景设置为透明。设置参数 wmode 的值为 transparent，如图 17-46 所示。
相应的 CSS 代码为：

```
#logo {
    background-image: url(../images/logo_bg.gif);
    background-repeat: no-repeat;
}
```

logo 层定义完毕，下面定义 nav 层的样式。

（1）选取 nav 层，单击"新建 CSS 规则"按钮，
打开"新建 CSS 规则"对话框。在对话框内，软件
已经自动将"选择器类型"设置为"复合内容（基
于选择的内容）"，且"选择器名称"中自动填入
"#nav"，"规则定义"选项选择"home_style.css"，

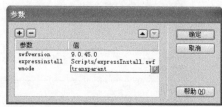

图 17-46 设置 flash 参数

单击"确定"按钮，打开"#nav 的 CSS 规则定义（在 home_style.css 中）"对话框。

（2）在"分类"列表框内选择"方框"属性，设置宽为 950px，高为 40px，浮动为左对齐，
效果如图 17-47 所示。

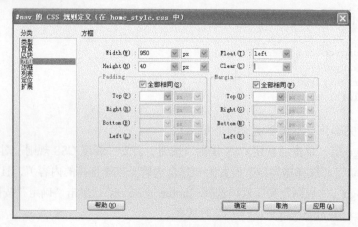

图 17-47 设置方框属性

（3）在"分类"列表框内选择"边框"属性，设置上边框样式为实线，宽度为 3px，颜色为 #adc923，效果如图 17-48 所示。

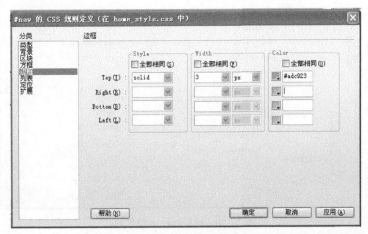

图 17-48　设置边框属性

（4）单击"确定"按钮，设置的样式表将应用到文件中。效果如图 17-49 所示。

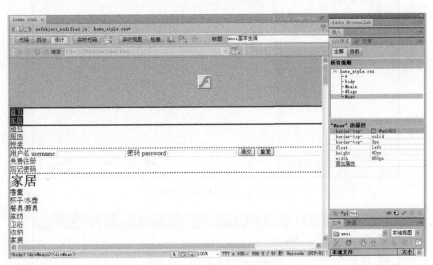

图 17-49　定义了 nav 层的页面

（5）设置 nav 层内<ul>的 CSS 样式：在"分类"列表框内选择"类型"属性，设置字号大小为 14px，粗细为粗体；在"分类"列表框内选择"方框"属性，设置左边界 20px；在"分类"列表框内选择"列表"属性，设置类型为无。效果如图 17-50 所示。

（6）设置 nav 层内<li>的 CSS 样式：在"分类"列表框内选择"区块"属性，设置显示为内嵌；在"分类"列表框内选择"类型"属性，设置行高为 24px。效果如图 17-51 所示。

（7）由于导航栏是一组超链接，并且"未访问过的链接（link）"与"鼠标悬停（hover）"的状态是不一样的。所以两种状态需要分别设置。设置 nav 层内<a>的 CSS 样式：在"分类"列表框内选择"类型"属性，设置文字颜色为黑色，修饰为无；在"分类"列表框内选择"背景"属性，设置背景图为"nav_bg.gif"，不重复；在"分类"列表框内选择"方框"属性，设置上填充为 5px，右填充为 16px，下填充为 3px，左填充为 16px。效果如图 17-52 所示。

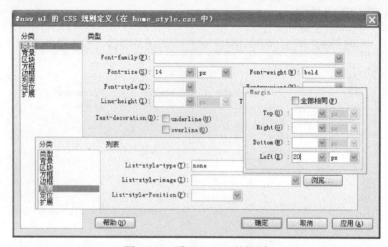

图 17-50 设置#nav ul 的规则

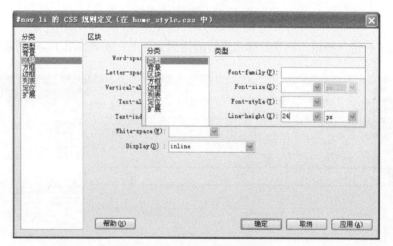

图 17-51 设置#nav li 的规则

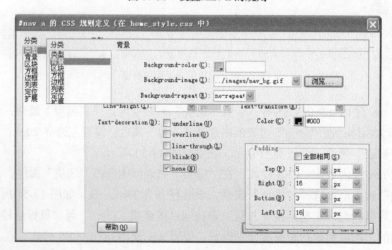

图 17-52 设置#nav a 的规则

（8）设置 nav 层内 a:hover 的 CSS 样式：在"分类"列表框内选择"类型"属性，设置文字颜色为白色，修饰为无；在"分类"列表框内选择"背景"属性，设置背景图的水平位置为 0，垂直位置为–24。效果如图 17-53 所示。

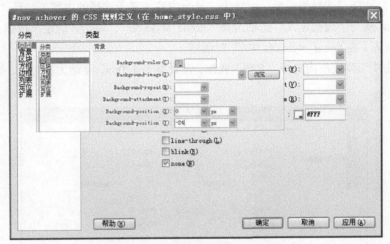

图 17-53　设置#nav a:hover 的规则

相应的 CSS 代码为：

```css
#nav {
    float: left;
    height: 40px;
    width: 950px;
    border-top-width: 3px;
    border-top-style: solid;
    border-top-color: #adc923;
}
#nav ul {
    font-size: 14px;
    font-weight: bold;
    margin-left: 20px;
    list-style-type: none;
}
#nav li {
    display: inline;
    line-height: 24px;
}
#nav a {
    color: #000000;
    text-decoration: none;
    background-image: url(../images/nav_bg.gif);
    background-repeat: no-repeat;
    padding-top: 5px;
    padding-right: 16px;
    padding-bottom: 3px;
    padding-left: 16px;
}
#nav a:hover {
    color: #FFFFFF;
    text-decoration: none;
    background-position: 0px -24px;
}
```

nav 层定义完毕，接下来定义 link 层。

（1）选取 link 层，单击"新建 CSS 规则"按钮，打开"新建 CSS 规则"对话框。在对话框内，软件已经自动将"选择器类型"设置为"复合内容（基于选择的内容）"，且"选择器名称"中自动填入"#link"，"规则定义"选项选择"home_style.css"，单击"确定"按钮，打开"# link 的 CSS 规则定义（在 home_style.css 中）"对话框。

（2）在"分类"列表框内选择"方框"属性，设置宽为 170px，浮动为左对齐，效果如图 17-54 所示。

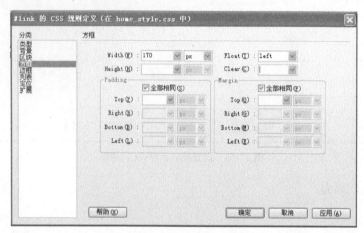

图 17-54　设置方框属性

（3）单击"确定"按钮，设置的样式表将应用到文件中，效果如图 17-55 所示。

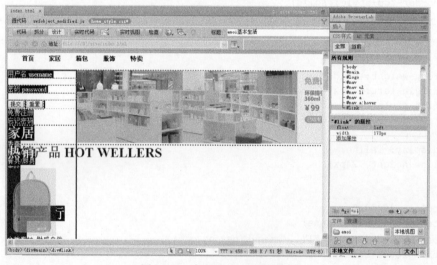

图 17-55　定义了 link 层的页面

相应的 CSS 代码为：

```
#link {
    float: left;
    width: 170px;
}
```

link 层定义完毕，接下来定义 login 层。

（1）在"分类"列表框内选择"类型"属性，设置字号大小为 12px，颜色为灰色#666666，效果如图 17-56 所示。

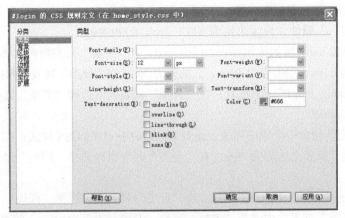

图 17-56 设置类型属性

（2）在"分类"列表框内选择"背景"属性，设置背景图为"login_bg.gif"，不重复，效果如图 17-57 所示。

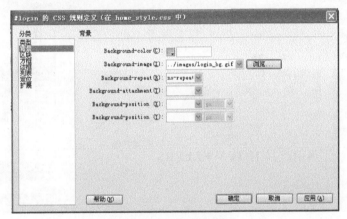

图 17-57 设置背景属性

（3）在"分类"列表框内选择"方框"属性，设置宽为 160px，浮动左对齐，左边界为 10px。为了让背景图显示出来，将上填充设置为 50px。效果如图 17-58 所示。

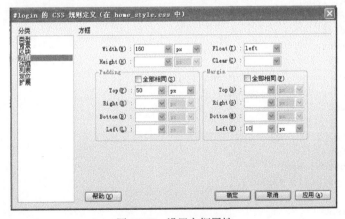

图 17-58 设置方框属性

（4）login 层中包含表单项，包括两个文本框以及两个按钮。先来设置文本框#name 和 #password。在"分类"列表框内选择"方框"属性，设置宽为 150px，下边界为 8px。在"分类"列表框内选择"边框"属性，设置边框为实线、1px、#999999。

（5）接下来设置 login 层的按钮#submit 和#reset。在"分类"列表框内选择"方框"属性，设置宽为 60px，高为 21px，左边界为 10px，上填充为 2px；在"分类"列表框内选择"背景"属性，设置背景图为"button_bg.gif"，不重复；在"分类"列表框内选择"类型"属性，设置按钮文字为粗体，颜色为#666600。

（6）login 层中还包含一个无序列表。设置 login 层内<ul>的 CSS 样式：在"分类"列表框内选择"方框"属性，设置上边界为 5px；在"分类"列表框内选择"列表"属性，设置列表类型为无。

（7）设置 login 层内<li>的 CSS 样式：在"分类"列表框内选择"区块"属性，设置显示类型为内嵌；在"分类"列表框内选择"方框"属性，设置左边界为 15px，效果如图 17-59 所示。

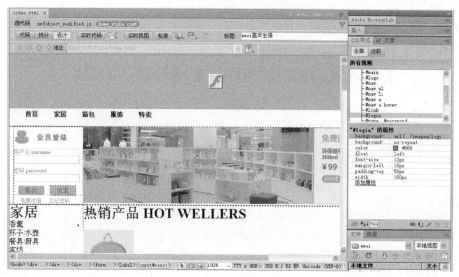

图 17-59　login 层及内容设置效果

相应的 CSS 代码为：

```
#login {
    font-size: 12px;
    color: #666666;
    float: left;
    width: 160px;
    margin-left: 10px;
    background-image: url(../images/login_bg.gif);
    background-repeat: no-repeat;
    padding-top: 50px;
}
#name, #password {
    width: 150px;
    margin-bottom: 8px;
    border: 1px solid #999999;
}
#submit, #reset {
    height: 21px;
```

```
    width: 60px;
    margin-left: 10px;
    background-image: url(../images/button_bg.gif);
    background-repeat: no-repeat;
    font-weight: bold;
    color: #666600;
    padding-top: 2px;
}
#login ul {
    margin-top: 5px;
    list-style-type: none;
}
#login li {
    display: inline;
    margin-left: 15px;
}
```

login 层定义完毕，接下来定义 sort 层。

（1）选取 sort 层，单击"新建 CSS 规则"按钮，打开"新建 CSS 规则"对话框。在对话框内，软件已经自动将"选择器类型"设置为"复合内容（基于选择的内容）"，且"选择器名称"中自动填入"#sort"，"规则定义"选项选择"home_style.css"，单击"确定"按钮，打开"#sort 的 CSS 规则定义（在 home_style.css 中）"对话框。

（2）在"分类"列表框内选择"方框"属性，设置宽为 140px，浮动左对齐，左填充为 20px，右填充为 10px，上边界为 10px，上填充为 39px。在"分类"列表框内选择"背景"属性，设置背景图为"sort_bg.gif"，不重复。单击"确定"按钮，设置的样式表将应用到文件中。效果如图 17-60 所示。

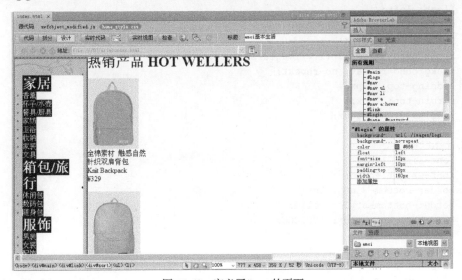

图 17-60　定义了#sort 的页面

（3）设置 sort 层内<h1>的 CSS 样式：在"分类"列表框内选择"类型"属性，设置文字大小为 16px，粗体；在"分类"列表框内选择"边框"属性，设置下边框为实线、1px、#cccccc。

（4）设置 sort 层内<ul>的 CSS 样式：在"分类"列表框内选择"方框"属性，设置上边界为 5px，左边界为 5px，下边界为 10px。

（5）设置 sort 层内<li>的 CSS 样式：在"分类"列表框内选择"类型"属性，设置字号大小为 12px，行高为 22px；在"分类"列表框内选择"列表"属性，设置列表类型为无，位置为内；

在"分类"列表框内选择"边框"属性，设置下边框为虚线、1px、#cccccc；在"分类"列表框内选择"背景"属性，设置背景图为"sort_icon.gif"，不重复；在"分类"列表框内选择"方框"属性，设置左填充为10px。效果如图17-61所示。

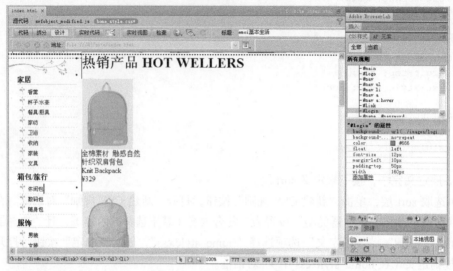

图 17-61　sort 层及内容设置效果

相应的 CSS 代码为：

```
#sort {
    float: left;
    width: 140px;
    padding-left: 20px;
    background-image: url(../images/sort_bg.gif);
    background-repeat: no-repeat;
    padding-top: 39px;
    margin-top: 10px;
    padding-right: 10px;
}
#sort h1 {
    font-size: 16px;
    font-weight: bold;
    border-bottom-width: 1px;
    border-bottom-style: solid;
    border-bottom-color: #CCCCCC;
}
#sort ul {
    margin-top: 5px;
    margin-bottom: 10px;
    margin-left: 5px;
}
#sort li {
    font-size: 12px;
    line-height: 22px;
    border-bottom-width: 1px;
    border-bottom-style: dashed;
    border-bottom-color: #CCCCCC;
    background-image: url(../images/sort_icon.gif);
```

```
    background-repeat: no-repeat;
    padding-left: 10px;
    list-style-position: inside;
    list-style-type: none;
}
```

sort 层定义完毕，接下来定义 info 层。

（1）选取 info 层，单击"新建 CSS 规则"按钮，打开"新建 CSS 规则"对话框。在对话框内，软件已经自动将"选择器类型"设置为"复合内容（基于选择的内容）"，且"选择器名称"中自动填入"#info"，"规则定义"选项选择"home_style.css"，单击"确定"按钮，打开"# info 的 CSS 规则定义（在 home_style.css 中）"对话框。

（2）在"分类"列表框内选择"方框"属性，设置宽 170px，浮动左对齐，效果如图 17-62 所示。

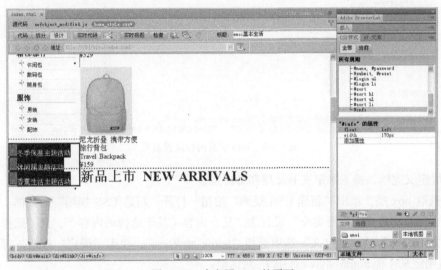

图 17-62　定义了 #info 的页面

（3）设置 info 层内 <ul> 的 CSS 样式：在"分类"列表框内选择"类型"属性，设置文字大小为 12px；在"分类"列表框内选择"列表"属性，设置列表类型为无；在"分类"列表框内选择"方框"属性，设置上边界为 20px，左边界为 25px，右边界为 10px。

（4）设置 info 层内 <li> 的 CSS 样式：在"分类"列表框内选择"边框"属性，设置上边框实线、1px、#cccccc；在"分类"列表框内选择"方框"属性，设置左填充为 5px。效果如图 17-63 所示。

相应的 CSS 代码为：

```
#info {
    float: left;
    width: 170px;
}
#info ul {
    font-size: 12px;
    list-style-type: none;
    margin-left: 25px;
    margin-top: 20px;
    margin-right: 10px;
}
```

```
#info li {
    border-top-width: 1px;
    border-top-style: solid;
    border-top-color: #CCCCCC;
    padding-left: 5px;
}
```

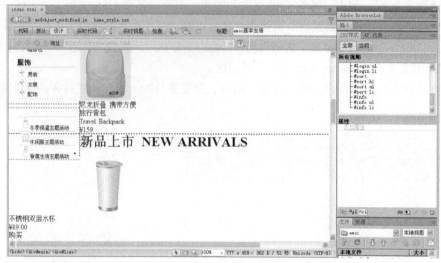

图 17-63　info 层及内容设置效果

info 层定义完毕，接下来定义 box 层和 free 层。

（1）选取 box 层，单击"新建 CSS 规则"按钮，打开"新建 CSS 规则"对话框。在对话框内，软件已经自动将"选择器类型"设置为"复合内容（基于选择的内容）"，且"选择器名称"中自动填入"#box"，"规则定义"选项选择"home_style.css"，单击"确定"按钮，打开"#box 的 CSS 规则定义（在 home_style.css 中）"对话框。

（2）在"分类"列表框内选择"方框"属性，设置宽 762px，浮动右对齐，效果如图 17-64 所示。

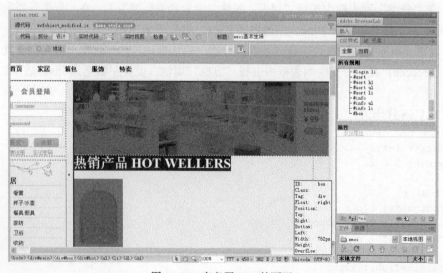

图 17-64　定义了 #box 的页面

（3）选取 free 层，单击"新建 CSS 规则"按钮，打开"新建 CSS 规则"对话框。在对话框内，软件已经自动将"选择器类型"设置为"复合内容（基于选择的内容）"，且"选择器名称"中自动填入"#free"，"规则定义"选项选择"home_style.css"，单击"确定"按钮，打开"# free 的 CSS 规则定义（在 home_style.css 中）"对话框。

（4）在"分类"列表框内选择"方框"属性，设置宽 762px，浮动左对齐，效果如图 17-65 所示。

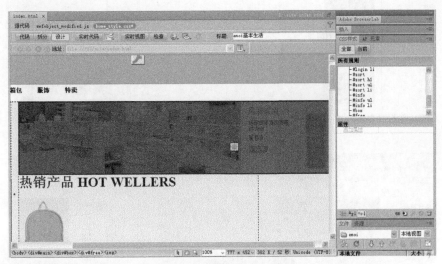

图 17-65　定义了#free 的页面

相应的 CSS 代码为：

```css
#box {
    float: right;
    width: 762px;
}
#free {
    float: left;
    width: 762px;
}
```

free 层定义完毕，接下来定义 hot 层。

（1）选取 hot 层，单击"新建 CSS 规则"按钮，打开"新建 CSS 规则"对话框。在对话框内，软件已经自动将"选择器类型"设置为"复合内容（基于选择的内容）"，且"选择器名称"中自动填入"#hot"，"规则定义"选项选择"home_style.css"，单击"确定"按钮，打开"#hot 的 CSS 规则定义（在 home_style.css 中）"对话框。

（2）在"分类"列表框内选择"方框"属性，设置宽为 762px，浮动右对齐，上边界为 3px，下边界为 5px。效果如图 17-66 所示。

（3）设置 hot 层内<h1>的 CSS 样式：在"分类"列表框内选择"类型"属性，设置字体为"Arial, Helvetica, sans-serif"，文字大小为 12px，颜色为#de7524，行高 20px；在"分类"列表框内选择"背景"属性，设置背景色为#adc923；在"分类"列表框内选择"方框"属性，设置宽为 752px，高为 20px，左填充为 10px，下边界为 5px。效果如图 17-67 所示。

（4）设置 hot 层内<li>的 CSS 样式：在"分类"列表框内选择"方框"属性，设置浮动为左对齐；在"分类"列表框内选择"列表"属性，设置列表类型为无。效果如图 17-68 所示。

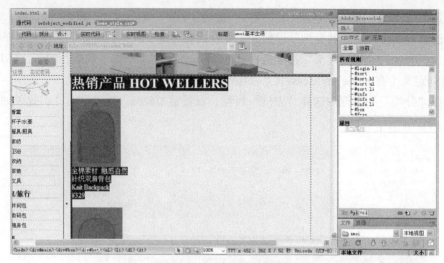

图 17-66　定义了 #hot 的页面

图 17-67　#hot h1 设置效果

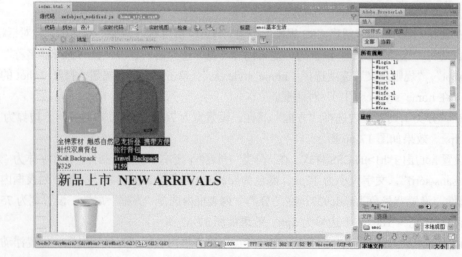

图 17-68　#hot li 设置效果

（5）设置 hot 层内<dl>的 CSS 样式：在"分类"列表框内选择"类型"属性，设置字体为"Arial, Helvetica, sans-serif"、文字颜色#666666；在"分类"列表框内选择"背景"属性，设置背景色为#f6f4f5；在"分类"列表框内选择"方框"属性，设置宽为 379px，高为 160px，浮动左对齐。效果如图 17-69 所示。

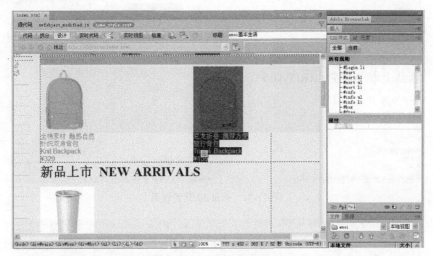

图 17-69　#hot dl 设置效果

（6）设置 hot 层内<dt>的 CSS 样式：在"分类"列表框内选择"方框"属性，设置宽为 125px，浮动左对齐。效果如图 17-70 所示。

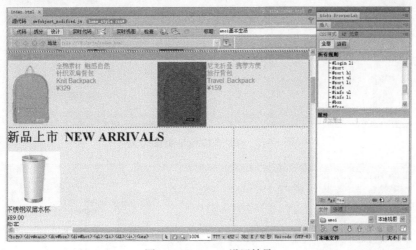

图 17-70　#hot dt 设置效果

（7）设置 hot 层内<dd>的 CSS 样式：在"分类"列表框内选择"区块"属性，设置文本对齐为右对齐；在"分类"列表框内选择"方框"属性，设置右边界为 30px。效果如图 17-71 所示。

（8）由于每个<dd>标签内文字的样式都不一样，所以需要为每个<dd>标签设置一个类。首先设置两个商品之间的间距，设置类.right 的 CSS 样式：在"分类"列表框内选择"方框"属性，设置右边界为 2px。为第一个<dl>标签添加类。效果如图 17-72 所示。

（9）为第一个<dd>设置。设置类.first 的 CSS 样式：在"分类"列表框内选择"类型"属性，设置字号大小为 22px、粗体；在"分类"列表框内选择"方框"属性，设置上边界为 15px。为第一个<dd>标签添加类。效果如图 17-73 所示。

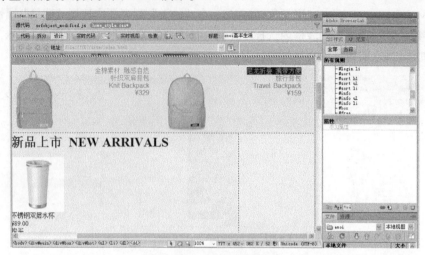

图 17-71　#hot dd 设置效果

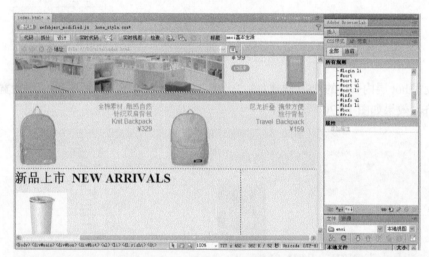

图 17-72　<dl>添加.right 类设置效果

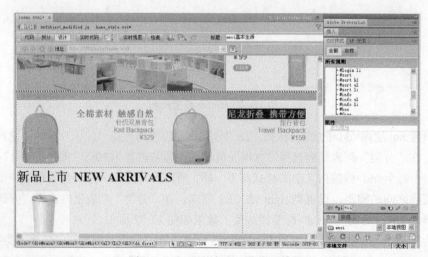

图 17-73　<dd>添加.first 类设置效果

（10）为第二个\<dd\>设置。设置类.second 的 CSS 样式：在"分类"列表框内选择"类型"属性，设置字号大小 16px、粗体；在"分类"列表框内选择"方框"属性，设置上边界 20px。为第二个\<dd\>标签添加类。效果如图 17-74 所示。

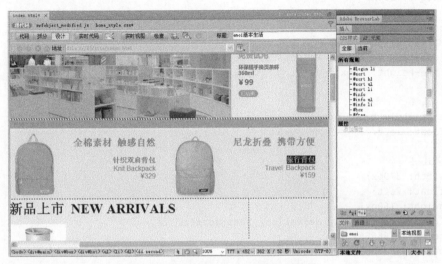

图 17-74　\<dd\>添加.second 类设置效果

（11）为内容为金额的\<dd\>设置。设置类.yuan 的 CSS 样式：在"分类"列表框内选择"类型"属性，设置字号大小 36px、粗体，颜色为黑色；在"分类"列表框内选择"方框"属性，设置上边界 15px。为\<dd\>标签添加类。效果如图 17-75 所示。

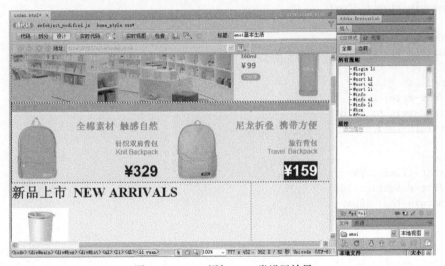

图 17-75　\<dd\>添加.yuan 类设置效果

相应的 CSS 代码为：

```
#hot {
    float: right;
    width: 762px;
    margin-top: 3px;
    margin-bottom: 5px;
}
```

```
#hot h1 {
    font-size: 12px;
    color: #de7524;
    background-color: #adc923;
    height: 20px;
    width: 752px;
    padding-left: 10px;
    margin-bottom: 5px;
    font-family: Arial, Helvetica, sans-serif;
    line-height: 20px;
}
#hot li {
    list-style-type: none;
    float: left;
}
#hot dl {
    width: 379px;
    float: left;
    height: 160px;
    font-family: Arial, Helvetica, sans-serif;
    color: #666666;
    background-color: #f6f4f5;
}
#hot dt {
    float: left;
    width: 125px;
}
#hot dd {
    text-align: right;
    margin-right: 30px;
}
.right {
    margin-right: 2px;
}
.first {
    font-size: 22px;
    font-weight: bold;
    margin-top: 15px;
}
.second {
    font-size: 16px;
    font-weight: bold;
    margin-top: 20px;
}
.yuan {
    font-size: 36px;
    font-weight: bold;
    color: #000000;
    margin-top: 15px;
}
```

hot 层定义完毕，接下来定义 new 层。

（1）选取 new 层，单击"新建 CSS 规则"按钮，打开"新建 CSS 规则"对话框。在对话框内，软件已经自动将"选择器类型"设置为"复合内容（基于选择的内容）"，且"选择器名称"中自动填入"#new"，"规则定义"选项选择"home_style.css"，单击"确定"按钮，打开"# new

的 CSS 规则定义（在 home_style.css 中）"对话框。

（2）在"分类"列表框内选择"方框"属性，设置宽 762px，浮动右对齐，效果如图 17-76 所示。

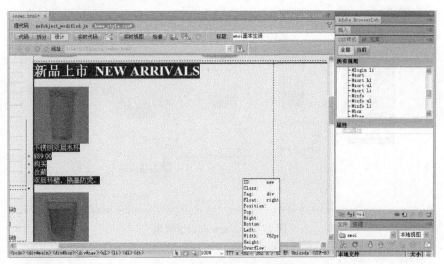

图 17-76　定义了#new 的页面

（3）设置 new 层内<h1>的 CSS 样式：在"分类"列表框内选择"类型"属性，设置字体为 "Arial, Helvetica, sans-serif"，文字大小为 12px，颜色为#de7524，行高 20px；在"分类"列表框 内选择"背景"属性，设置背景色为#adc923；在"分类"列表框内选择"方框"属性，设置宽 752px，高 20px，左填充 10px，下边界 5px。效果如图 17-77 所示。

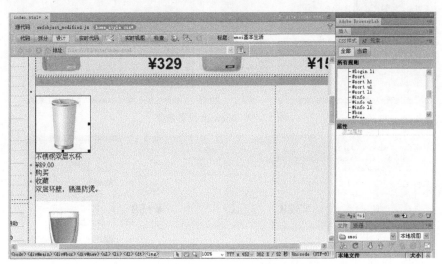

图 17-77　#new h1 设置效果

（4）设置 new 层内<dl>的 CSS 样式：在"分类"列表框内选择"类型"属性，设置字体为"Arial, Helvetica, sans-serif"，文字大小为 12px，行高 16px；在"分类"列表框内选择"方框"属性，设 置宽 190px，下边界 15px。效果如图 17-78 所示。

（5）设置 new 层内<dt>的 CSS 样式：在"分类"列表框内选择"区块"属性，设置文本对齐 为居中。效果如图 17-79 所示。

（6）设置 new 层内<dd>的 CSS 样式：在"分类"列表框内选择"方框"属性，设置左边界

30px。效果如图 17-80 所示。

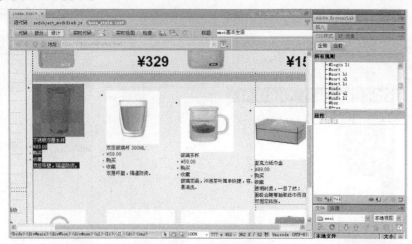

图 17-78　#new dl 设置效果

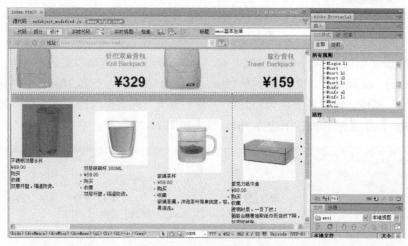

图 17-79　#new dt 设置效果

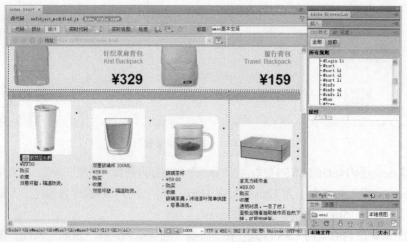

图 17-80　#new dd 设置效果

（7）设置 new 层内<li>的 CSS 样式：在"分类"列表框内选择"区块"属性，设置显示为内嵌；在"分类"列表框内选择"列表"属性，设置列表类型为无，效果如图 17-81 所示。

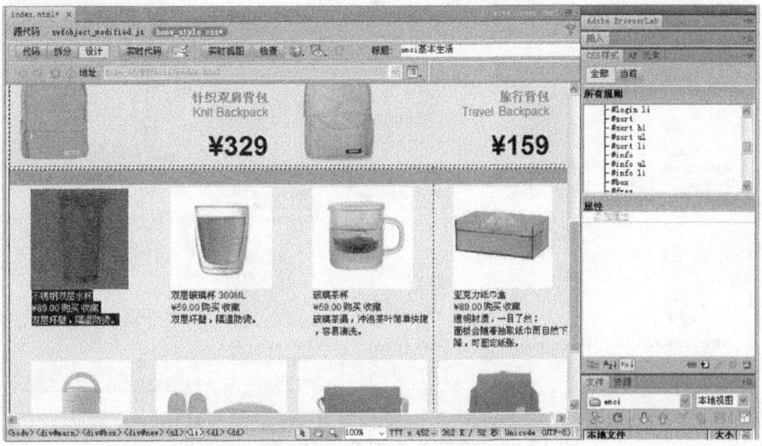

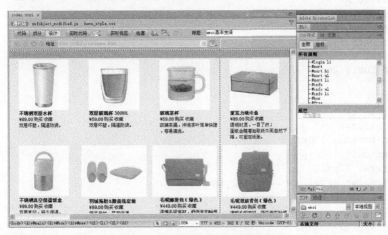

图 17-81　#new li 设置效果

（8）由于每个<dd>标签内文字的样式都不一样，所以需要为每个<dd>标签设置一个类。设置类.bold 的 CSS 样式：在"分类"列表框内选择"类型"属性，设置粗细为粗体。为第一个<dd>标签和内容为"金额"的<li>标签添加类，效果如图 17-82 所示。

图 17-82　添加.bold 类设置效果

（9）设置类.buy 的 CSS 样式：在"分类"列表框内选择"类型"属性，设置文字颜色为白色；在"分类"列表框内选择"背景"属性，设置背景图为"buy_bg.gif"，不重复；在"分类"列表框内选择"方框"属性，设置上填充 2px，下填充 2px，左填充 13px，右填充为 12px。为内容为"购买"的<dd>标签添加类。

（10）设置类.favorite 的 CSS 样式：在"分类"列表框内选择"类型"属性，设置文字颜色为白色；在"分类"列表框内选择"背景"属性，设置背景图为"favorite_bg.gif"，不重复；在"分类"列表框内选择"方框"属性，设置上填充 2px，下填充 2px，左填充 13px，右填充为 12px。为内容为"收藏"的<dd>标签添加类，效果如图 17-83 所示。

相应的 CSS 代码为：

```
#new {
    float: right;
    width: 762px;
}
```

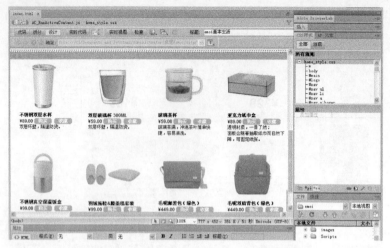

图 17-83　添加.buy 和.favorite 类设置效果

```css
#new h1 {
    font-size: 12px;
    color: #de7524;
    background-color: #adc923;
    height: 20px;
    width: 752px;
    padding-left: 10px;
    margin-bottom: 5px;
    font-family: Arial, Helvetica, sans-serif;
    line-height: 20px;
}
#new dl {
    float: left;
    width: 190px;
    margin-bottom: 15px;
    line-height: 16px;
    font-size: 12px;
    font-family: Arial, Helvetica, sans-serif;
}
#new dt {
    text-align: center;
}
#new dd {
    margin-left: 30px;
}
#new li {
    list-style-type: none;
    display: inline;
}
.bold {
    font-weight: bold;
}
.buy {
    background-image: url(images/buy_bg.gif);
    background-repeat: no-repeat;
    color: #FFFFFF;
    padding-top: 2px;
    padding-right: 12px;
    padding-bottom: 2px;
    padding-left: 13px;
```

```
}
.favorite {
    background-image: url(images/favorite_bg.gif);
    background-repeat: no-repeat;
    color: #FFFFFF;
    padding-top: 2px;
    padding-right: 12px;
    padding-bottom: 2px;
    padding-left: 13px;
}
```

new 层定义完毕，接下来定义 footer 层。

（1）选取 footer 层，单击"新建 CSS 规则"按钮，打开"新建 CSS 规则"对话框。在对话框内，软件已经自动将"选择器类型"设置为"复合内容（基于选择的内容）"，且"选择器名称"中自动填入"#footer"，"规则定义"选项选择"home_style.css"，单击"确定"按钮，打开"# footer 的 CSS 规则定义（在 home_style.css 中）"对话框。

（2）在"分类"列表框内选择"类型"属性，设置字体为"Arial, Helvetica, sans-serif"，文字大小为 12px，行高 30px；在"分类"列表框内选择"背景"属性，设置背景色为#adc923；在"分类"列表框内选择"区块"属性，设置文本对齐为居中；在"分类"列表框内选择"方框"属性，设置宽 950px，高 30px，浮动为左对齐，上边界 10px。效果如图 17-84 所示。

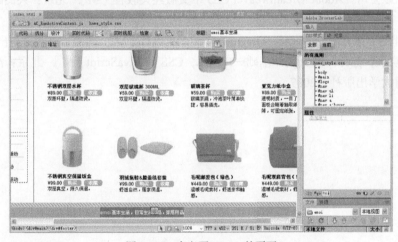

图 17-84　定义了#footer 的页面

相应的 CSS 代码为：

```
#footer {
    height: 30px;
    width: 950px;
    float: left;
    background-color: #adc923;
    text-align: center;
    font-size: 12px;
    line-height: 30px;
    font-family: Arial, Helvetica, sans-serif;
    margin-top: 10px;
}
```

至此，整个网站设计完成。

本实例主要讲解了交替效果的导航菜单的制作和如何在 HTML 文档内插入透明 Flash 的制作方法，同时还介绍了 Dreamweaver 中表单的插入。

［1］李烨. 别具光芒 DIV+CSS 网页布局与美化［M］. 北京：人民邮电出版社，2006.

［2］梁景红. 网站设计与网页配色实例精讲（非常网络 6+1）［M］. 北京：人民邮电出版社，2004.

［3］张楠溪. 新锐网页色彩与版式搭配案例指南［M］. 北京：中国青年出版社，2007.

［4］Patrick McNeil. 网页设计创意书［M］. 北京：人民邮电出版社，2010.

［5］严亚丁，Erik Koht. 网站规划设计实例精讲［M］. 北京：人民邮电出版社，2005.

［6］彭纲，周绍斌，徐成钢，裴张龙. 网页艺术设计［M］. 北京：高等教育出版社，2006.

［7］王爽，徐仕猛，张晶. 网站设计与网页配色［M］. 北京：科学出版社，2011.

［8］常春英，彭源秋. 中文版 Dreamweaver CS3 实例与操作［M］. 北京：航空工业出版社，2010.

［9］Adobe 公司. Adobe Dreamweaver CS5 中文版经典教程［M］. 北京：人民邮电出版社，2010.

［10］黄世吉，梁元超，常春英. Dreamweaver 网页制作［M］. 北京：航空工业出版社，2010.

［11］史晓燕，苏萍. 网页设计基础—HTML，CSS 和 JavaScript［M］. 北京：清华大学出版社，北京交通大学出版社，2007.